Flying The World's Greatest Aircraft

驾驶顶级战机

从A-10到F-35

〔英〕詹姆斯·贝内特（James Bennett）著
薛蕾　杨静娜　译　　薛晓　校

中国市场出版社
China Market Press

图书在版编目（CIP）数据

驾驶顶级战机：从A－10到F－35/(英)贝内特（Bennett，J.)著；薛蕾，杨静娜译．—北京：中国市场出版社，2014.1

书名原文：Flying the world's greatest aircraft
ISBN 978-7-5092-1111-3

Ⅰ.驾…　Ⅱ.①贝…②薛…③杨…　Ⅲ.歼击机—介绍—世界　Ⅳ.E926.31

中国版本图书馆CIP数据核字（2013）第154173号

出版发行	中国市场出版社		
社　　址	北京月坛北小街2号院3号楼	**邮政编码**	100837
出版发行	编 辑 部（010）68034190		读者服务部（010）68022950
	发 行 部（010）68021338　68020340　68053489		
	68024335　68033577　68033539		
	总 编 室（010）68020336		
	盗版举报（010）68020336		
邮　　箱	1252625925@qq.com		
经　　销	新华书店		
印　　刷	北京佳信达欣艺术印刷有限公司		
规　　格	170毫米×230毫米　16开本	**版　　次**	2014年1月第1版
印　　张	14	**印　　次**	2014年1月第1次印刷
字　　数	186千字	**定　　价**	58.00元

目录

VFA-41
112

112
NH

A-10攻击机

费尔柴尔德公司的A-10“雷电”II攻击机执行近距离空中支援（CAS）的任务能力胜于当前任何战机，其拥有无与伦比的弹药挂载能力和耐力以及卓越的抗击打能力。

飞行员的评价

“A–10攻击机的任务变得越来越具有挑战性……对于A–10攻击机的飞行员而言，他们的飞机很易于驾驶，但他们的任务却很难完成。”

安迪·布什少校
退役的美国空军A–10攻击机飞行员

A–10攻击机巨大的驾驶舱给了飞行员宽广的视野，配备的抬头显示器也使得飞行员的视线大部分时间都能注意到舱外。

A-10攻击机的机身前方是巨大塌鼻状机头，上面还有隆起的天线和叶片天线，机翼与短粗笨拙的尾翼之间安装了两个巨大的涡扇发动机，使之形象十分贴近它那非官方的“疣猪”的绰号。事实上，这种极其丑陋的外观还成为少数有幸驾驶“疣猪”的飞行员骄傲的谈资。

A-10“雷电”II攻击机没有双座的变型，这就意味着一名新的“疣猪”的飞行员的首飞即单飞。

不难解释为什么没有双座型教练机，已退休的前美国空军A-10攻击机飞行员安迪·布什空军上校说道：“该机是否会在飞行包线区域内出现诸如失控等异常？完全不会。它的飞行包线区域相对较小，不会出现一些异常状况。它的起飞和降落很好掌控，飞行速度相对缓慢。在低速飞行时不会像许多其他的战斗机那样出现异常，这就是为什么它不需要双座型教练机的一个主要原因。”

“‘疣猪’的飞行控制系统很强大，操作时一点都不费力。操纵杆的负载很轻，在整个飞行包线区内飞行时，飞机对操纵杆的响应始终很灵敏。”布什补充道，他在转行驾驶A-10攻击机之前，曾驾驶过麦克唐纳公司的F-4“鬼怪”II战斗机和洛克希德公司的F-104星座式战斗机。

低空低速

A-10的航空电子设备、飞行特性和武器系统都很简单，这样飞行员可以更专注于手头的任务——通常是在进行近距离空中支援时摧毁敌方的装甲部队或保护友军步兵以及装甲部队。

要想高效地反装甲，A-10攻击机的飞行员必须飞得很低。这个位置充满危险，布什说道：

“现代战场非常危险。飞机的电子干扰吊舱和红外干扰弹等自保措施无疑很好，但最好还是不要中弹。传统的近距离空中支援（CAS）任务受到飞机飞行速度很快的限制。飞行员没有时间来发现目标，尤其当目标的确切位置不明或飞行员必须要依靠目测来找到目标时更是如此。在林木线附近飞行时找出林中绿色的坦克是非常困难的，而A-10攻击机较低的飞行

速度让飞行员有多一点的时间来搜寻目标。在欧洲执行传统近距离空中支援时，我曾驾驶过F-4和A-10对抗两个相似的目标，在F-4上，我经常飞过目标后还没发现它……飞得太快无法完成任务。”

布什解释说，尽管A-10易于驾驶，但它如此接近地面的飞行会让它本来就十分棘手的任务变得更加困难重重。

“低空飞行都是很危险的，夜间更是如此。随着时间流逝，A-10攻击

上图：如今，A-10攻击机已成为阿富汗和伊拉克战区司令部的执行近距离空中支援任务最为关键的武器。尽管其他一些战机也能执行近距离空中支援任务，但就适合度而言，A-10攻击机无疑是最佳选择。图中这架A-10攻击机右翼下携带一台“利坦宁II”瞄准吊舱，左翼挂架上则挂载一枚227千克（500磅）激光制导炸弹。

机的任务变得越来越富有挑战性；如今高科技的战场上，A-10攻击机的处境是易于飞行但不容易完成任务。”

“在低空飞行时，驾驶A-10攻击机比F-4或F-104战斗机都容易……原因很简单，因为A-10攻击机较低的飞行速度使得它的飞行员有时间来观察

“小牛”攻击

据安迪·布什上校言，A－10攻击机的飞行员在低空飞行时回望驾驶舱内是一种近乎自杀的行为。那么，他们在不看驾驶舱内屏幕的情况下如何使用AGM－65“小牛”空对地自主引导导弹？

“地平面以上（AGL）低于300英尺（90米）飞行时，监视器分析太浪费时间，因此在德国执行传统的低空反装甲任务时，我首先要确定远处目标的确切位置。如果那需要进行一次侦察也无妨。一旦目标位置确定，我会低飞至敌人的视线内进行第二次袭击。我一般是迅速爬升到300～500英尺（90～150米）的高度，将抬头显示器（HUD）锁定目标区域，然后‘低头’看监视器搜索目标。”

“目标截获和导弹发射也要做得很快……我们在利用监视器进行范围搜索时，一旦发现目标，就不会继续朝它飞行。如果我没有锁定目标并在5～10秒内发射导弹，我会首先撤退一步，离开目标区域，然后再盘查到底哪里出了问题。”

下图：一架空中国民警卫队的A－10攻击机在一次武器评估测试中发射一枚AGM－65“小牛”导弹。AGM－65是“疣猪”仅有的一种防区外精确武器。

他周围发生了什么事。驾驶舱很高的能见度、惯性导航系统，如今再加上全球定位系统（GPS），有助于减轻飞行员的工作量，减少他们参考地图信息的‘低头’时间。”

“低空飞行如履薄冰。片刻的松懈或自满都可能遭遇不测。在这点上，A-10攻击机和任何其他的战斗机并无不同。在（AGL）300英尺（90米）高度处，我很自在。在（AGL）200英尺（60米）高度处，我就得留意地面。在（AGL）100英尺（30米）高度处，我几乎全神贯注于地面上。如果我不得不旋转，或是观察驾驶舱内状况，我首先将飞机爬升一点。在100英尺（30米）高度飞行时，我基本都是注视是12点方向（向前），因为即使飞行速度只有300节（550千米/小时），从此高度飞到地面所需要的时间也是以秒计算的。你根本不能分心。”

下图：A-10攻击机参与了“持久自由行动”和“伊拉克自由行动”。在伊拉克和阿富汗，A-10攻击机不止一次地体现了它们的存在价值。

生存能力

A-10攻击机的低空低速飞行的能力是其作为一架近距离空中支援（CAS）战斗机大获成功的主要原因，但事实上它在飞行时低得能看到，并且慢得足以目测跟踪，这就意味着它很容易受到轻武器、雷达导向地面火力、雷达制导地对空导弹（SAM），特别是红外（IR）单兵便携式防空导弹（MANPAD）的攻击。

下图：在低温天气下出动时，温度低于零下12℃的条件下，飞行员们在出发前一反常态：他们在放下登机梯登机前首先将发动机打开，以温暖舱内的导航仪和一些其他的重要系统。

因此，菲尔柴尔德公司尽最大努力设计A-10攻击机使之能够在受到大量火力损伤后仍能返航。

这些设计特征之一是飞行员座舱外围“浴缸”状钛合金装甲，其设计的目的是保护飞行员在受到榴弹弹片甚至防空炮火直接攻击时能够存活。至于那个“浴缸”，布什承认了他的“小想法”，并补充道，“我一直认为‘浴缸’这个说法是炒作。”

面对像苏联制造的ZSU-23-4自

左图：阿富汗巴格拉姆空军基地的美国空军预备队的维护人员结束了一天起降支援“持久自由行动”的A-10攻击机的辛勤工作。

行高炮——4门3毫米口径短程雷达导航的液体冷却加农炮，布什承认，“面对这种威胁时，我们得考虑很多的因素，飞机装甲无法带给我们足够的安全感。事实上，我们的想法是不要第一时间被击中。我费尽心思所想的……就是在我被击中之前先干掉它！”

恢复手控

A-10攻击机中有一个保障飞行员自救的关键系统：恢复手控（MR）。菲尔柴尔德公司的“疣猪”拥有液压动力飞行控制系统与恢复手控（MR）的备份模式，这使得飞行员在遭遇其他飞机只能弃机的情况时仍能驾驶它飞行。

布什说道：“正常工作时，A-10攻击机使用液压动力来驱动飞行控制系统，其内的人工感觉给了飞行员一点象征性的控制压力反馈。液压控制使飞行员控制飞机的感觉非常轻盈，并且飞机响应飞行员的指令时也很迅速高效。如果液压系统出现问题，这种“轻盈”和快速响应将不复存在。恢复手控系统是一种应急飞行备份控制系统，旨在使飞机返航……几乎不干别的。

“在恢复手控（MR）中，机械链接用于定位飞行控制面。失去液压时，飞行控制系统中的升降舵和方向舵将会自动恢复到手动控制。飞机的俯仰只能一点点地调节。飞机不能自动恢复到手控（MR）……飞行员必须开动开关来实现操作系统的转换。这就意味着喷气机在倾斜飞行不能使用恢复手控（MR）控制。

“恢复手控（MR）时，操纵杆的载荷大大高于正常的载荷。滚转控制是通过在副翼的扣环旋转，而不是副翼本身的旋转来实现，因此滚转的效率也大大降低。高的俯仰载荷和必须进行的俯仰调节使得飞行员在飞行时必须使出很大的力量。正因为如此，最好不要做什么机动动作。”

下图：除了GAU-8A机炮自身强大的破坏力外，该机炮的低频怒吼也是一种很好的心理战工具。

“那个”枪

柴尔菲尔德设计的“疣猪”的核心为30mm口径GAU-8A航炮，它能够发射贫铀弹、高爆燃烧弹（HEI）和穿甲燃烧弹（API），能够从1000米（3280英尺）外击穿38毫米（1.5英尺）装甲。

布什说，“从程序角度上讲，在空对地攻击中使用GAU-8机炮与F-4和F-104战斗机使用20毫米（0.78英尺）的M61A1加特林机枪没有太大的不同。区别在于，GAU-8机炮的威力使得飞行员在进行这些攻击时更加灵活自如。

“GAU-8机炮的主要优势在于它

的射程更远，飞行轨迹平坦以及分布格局更为紧凑。使用M61火神式航炮时，我们通常在约2000英尺（600米）斜距处以不同角度俯冲扫射。在最远至4000英尺（1200米）距离俯冲扫射时，你就能获得不错的攻击效果……但是炮弹的散射使得这样的攻击只有在面对‘范围’目标才会非常有效。使用GAU-8机炮，我们可以准确地命中6000英尺（1800米）外的“点目标”，而且我们在每年的例行基础检查时都得交出这样的答卷。

“枪的真实使用范围可远至两海里（3.7千米）。我曾在内华达州的内尔尼斯空军基地的红旗军演中击中两海里外的点目标，而且效果不错。30毫米（1.18英寸）口径的机炮比20毫米（0.78英寸）口径的机炮杀伤力更大……射速也不错。飞行时开火击中‘坚硬’目标时那种高速的冲击效果很明显，甚至是训练弹都有效果；这些炮弹在击中这些硬东西时还会‘闪光’——由高速撞击产生的热量造成的闪光。”

布什后来想起来补充道：“奥，开火也是很有趣的！”

下图：第75“斗士”中队的A-10攻击机结束任务后，降落在北卡罗来纳州的教皇空军基地。

[任务报告]

冷战期间的“疣猪”

1982—1988年间，安迪·布什在欧洲和美国累计驾驶“疣猪”超过1200个小时。

“当时还处于冷战时期，我们就是为了削弱华约组织攻击西德的装甲力量。我们主要执行反装甲、反直升机以及对地面部队进行传统的近距离空中支援（CAS）的任务。我们多在300英尺（90米）以下的低空飞行。尽管我们驻扎在英国皇家空军（RAF）的本特沃特斯基地，但在德国部署了四支分队：北德平原的阿赫曼分队，在德国中部的塞姆巴楚分队和挪文威奇分队，以及德国南部的雷普赫姆分队。

“当时最重要的是，我喜欢作为A-10飞行员制定自己的任务计划时的那种自由性。我们随心所欲，看到什么就去做什么。在英国时，我会带着我们的二人队去靶场训练，如果天气不好，我会告诉僚机在作战指令中带上德国地图。在英国的训练计划，我制定的很简略，因为那里的天气变幻不定，计划很难赶上变化，随后我会制定一份很详细的德国训练计划。

“我们从本特沃特斯出发，并切换到内部的无线电波段。我们在大约300英尺（90米）的高度在英国领空飞行。如果天气恶劣，我会向东朝德国开进。在水面上飞行时我们的高度不能低于500英尺（150米），因此我可以悄无声息地飞跃英吉利海峡，在飞抵荷兰时，受制于当地的低空飞行规则，我们将爬升至1000英尺（300米）的高度，而一旦到了德国，我们会降到最低的250英尺（75米）高度，并开始来找事做。

“这里通常有两件事：飞至德国靶场联系他们是否处于开放时间或进行‘防御检查’。在靶场上，我们发射炸弹教练弹和30毫米口径航炮教练弹。在离开之后，我们会检查一些北大西洋公约组织（NATO）的军事训练区，看看能不能在这些区域发现什么踪迹。如果有的话，我们会对其进行模拟攻击……仍旧是悄无声息地进行。

“至于‘防御检查’，我们会飞进缓冲地带（BZ），并沿着东德的防线飞行来激怒东德人。A-10攻击机是唯一不用经过无线电屏蔽就能进入缓冲地带（BZ）的北约飞机，当到达回航警戒油量时，我们会朝着海岸线爬升到5000英尺（1500米），并在本特沃特斯海岸附近着陆。没有任何人知道我们去过德国……也没有人会关心这个。

“‘疣猪’有良好的忍耐力，因此我们可以安排多个训练计划：我们起飞后，我让僚机飞行员引导我们沿着一条他曾联系过的低空航线飞行至靶场，并在那里倾泻所携带的教练弹，随后我将会带领僚机驾驶员进行低空模拟攻击演练，目标是在英国乡村周围发现的桥梁和被遗弃的车辆。甚至发现过看起来像是导弹发射台的遗迹，因此我们把它想象为飞毛腿导弹发射台来练习！做完那些，我们可以攀升到空对空训练区域，并在返航之前做一些基本的战斗机动演习。

“A-10的低空低速飞行使得我们相比于那些高速战机的飞行员每天少了很多繁琐程序和限制。它行动的自由性是其他战机根本无法相比的。在英国，我们起飞时携带两个小时的燃料、六枚训练炸弹、100个30毫米（1.18英尺）航炮教练弹，自己去训练。没有飞行计划，没有这样那样的要求，只需要准时返回即可，尽情去享受吧！”

下图：三色系欧洲涂装的A-10攻击机如今已成为遥远而又模糊的回忆。

F-15战斗机

服役至今已有32余年，F-15“鹰”式战斗机依然是最成功的空中优势战斗机。尽管目前它的很多性能已被洛克希德·马丁公司的F-22A“猛禽”战斗机超越，但它击落敌机105架，自己未受损失的光辉战绩足以奠定其在空战史上的地位。

一张第67战术战斗机中队的F-15战机的后座摄像者的自拍照片。该机装备一枚AIM-9“响尾蛇”导弹。

飞行员的评价

“飞机很稳定，以至于你暂时不去控制它时，它还能保持原来的状态。如此你便可腾出手去操作雷达，发现敌情，以及操作武器系统等。”

道格·“迪斯科”·迪尔德上校
美国空军F-15飞行员

一名美国空军（USAF）F–15战斗机的飞行员，担任中队长兼副联队长的道格·“迪斯科”·迪尔德上校说道：“众所周知，这是一架最强大的空中优势战斗机。它驾驶起来非常容易，就像驾驶塞斯纳飞机（小型的私人飞机）一样。”

操作特性

“鹰”的设计初衷就是超远距离和高效地摧毁敌人。为了实现这一点，它必须轻巧、机动灵活，对于当时的飞机设计师而言，很少有飞机要求具备如此之多的设计特点。

20世纪60年代后期，麦克唐纳·道格拉斯公司首次提出的F–15战斗机设计方案满足了美国空军的要求。它具有出色的截击性能——快速加速和一流的爬升能力，同时还具备不错的机动性，近距空战与缠斗能力也首屈一指。

麦克唐纳·道格拉斯公司设计的飞机有巨大的机翼面积，这有助于保持良好的转向能力，同时也降低了空气阻力，使得“鹰”式战机的最大飞行速度超过两马赫。

“鹰”式战机的两个F100加力发动机使其具有超强的加速度，同时它的飞行控制系统使得“鹰”的飞行员在一些换作其他飞机就会失控的情况下能保持对飞机的控制。

尽管“鹰”的飞行控制系统不像现代的自动驾驶系统那么精密，但它仍能够大大减轻飞行员在战斗中的操作负担——彼时飞行员应当全神贯注于如何克敌制胜，而无需浪费精力于驾驶飞机飞行。

驾驶“鹰”式战斗机已经有1500个飞行时长的迪尔德解释道：

“这架飞机是如此的稳定——当你放开控制杆时，它还会停留在相同的位置。这能够让你腾出手来让雷达运转，寻找有威胁的目标，并操纵武器系统。这点完全不同于F–4战斗机，F–4需要一名飞行员驾驶飞机，还需要专门的机务人员操作雷达和武器。别看“鹰”式战机如此稳定，在需要时它那呈弧形的机翼也能产生强大的升力。因此，如果你越过了追击的目标，你所要做的就是拉起操纵杆再次飞到目标的背后，调整机头进行射击。

上图：这张F-15E的正面图清晰显示出“攻击鹰”两翼下的副油箱。翼下挂载的每个副油箱都能为飞机提供额外的4432千克（9750磅）的燃油。

“当你降低空速，飞机就会稍微震动，这即为降低空速的信号。飞机会和你一直交流，信号很温和，不是突然出现的或者让人感到恐慌，却值得我们注意。在飞行速度低于250节时，噪音就会增大，这些共鸣会告诉你飞机正在做什么。我们可以用机头威吓敌人——没有我们追击不到的角度；或者保留能量，稍候片刻再去攻击，为其他战机加入战团自己可能要进行防御节省能源。我们一遍一遍练习的就是了解到应该做什么，何时去做。因此，当飞机‘告诉’你它失速时你要做的就是把你的手指放在操纵杆的末端，轻轻地将其‘调整’为旋转。”

先进的操纵杆控制

迪尔德讲道：

“F-15之前的许多战斗机上，你越朝后拉动操纵杆，就会受到更大来自人感系统的阻力。但在F-15战斗机

[任务报告]

贝卡谷地的缠斗

1982年6月6日，以色列国防军（IDF）入侵黎巴嫩南部，黎巴嫩战争（加利利和平行动）爆发。藉由以色列驻英大使在伦敦被巴勒斯坦恐怖组织刺杀，以色列政府批准了侵袭行动。行动爆发在以色列和黎巴嫩边境，随着以色列F-16战斗机轰炸叙利亚防空部队保护的黎巴嫩目标，第一阶段行动展开。

在随后的战争中，叙利亚空军飞机试图援助黎巴嫩部队，并给他们提供空中掩护对付以色列国防军（IDF）的袭击。然而，以色列国防军新近装备的F-15战斗机要远强于叙利亚空军战机，以色列空军声

上图：一队以色列空军的F-15战机呈指尖队形掠过一段干旱地区。以色列充分发挥本国在航电和武器技术方面的优势对装备的“鹰”式战斗机进行了升级和改装。

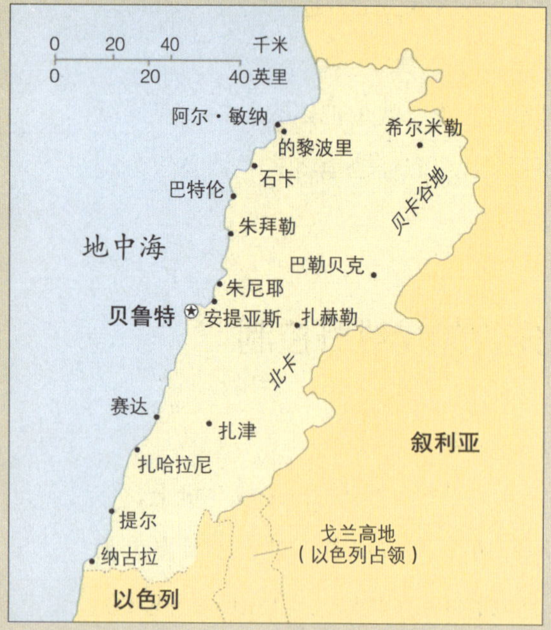

左图：这张黎巴嫩的地图明确标出了“贝卡”谷底，也即1982年6月以色列的F-15战机与叙利亚的战斗机缠斗的地方。

称击落的86架叙利亚空军战机中约有半数出自其手。尽管叙利亚人声称已经击落了一架F-15战斗机，在一系列军事行动中还击伤一架，但国际宇航合会（IAF）认为在叙利亚空军并未击落过F-15战斗机。尽管大多数战果是由中程AIM-7“麻雀”空空导弹斩获的，但也有几次是在与叙利亚空军的米格战机的缠斗中毙敌。在缠斗中，F-15战机利用它们超强的机动性转到敌机背后，同时它强大的推力和持续的旋转能力使之能够始终用AIM-9“响尾蛇”导弹锁定敌机。

米格战机和“鹰”式战机在天空中追逐，每一方都竭尽全力试图击落另一方，这时F-15战斗机先进的雷达装置也能发挥它的作用。解密的抬头显示器（HUD）的画面显示，叙利亚的米格战机快速地闪过了以色列F-15战机的视窗，仓皇逃离战场；F-15战机的飞行员启动了自动采集雷达模式尾随其后；米格战机飞行员匆忙之下没有注意到这点。F-15战机雷达自动探测并锁定了米格战机，并立即给飞行员一个射击指示。接下来便是激动人心的几秒：F-15战机的飞行员发射了一枚AIM-9“响尾蛇”导弹，它开启自动寻踪模式蜿蜒前行，击中了敌机。米格战机快速走向死亡的边缘，被火苗吞噬了。这些疯狂的“白刃战”的结果都是一样的，“鹰”式战斗机总是继续发挥它们的飞行优势，米格战机则沦为失败者成为“刀下亡魂”。

下图：F-15I“雷电”——一款出口给以色列的F-15E“攻击鹰”战斗机——如今已成为以色列主力远程攻击战斗机。和以色列空军大量装备的F-16战机搭配使用，F-15I战机的身影活跃在以色列空军在黎巴嫩南部开展的军事行动中。

内你可以随意地移动操纵杆或在拉动过载时，把机头旋转到你所需要的位置，而无需顾忌系统阻力的问题；为了实现这一目标，麦克唐纳·道格拉斯公司在飞机上专门内置了一个系统使得不管当前飞机速度多少，你用同样的力量操纵控制杆就能使飞机获得同样的g值。因此，无论你是以450节的速度飞行时做一个急转弯，或者在250节的速度飞行时做一个急转弯，你拉动操纵杆使飞机获得同样g值所需要的力量是不变的。这在1974年是一个非常先进的设计理念。”

拥有下降趋势明显的拱形机翼以及安装两台发动机的机舱的“鹰”式战斗机是一架当之无愧的重型战斗机。这就意味着，当敌人距合并点（交战双方的视觉交汇点）远到16千米（10英里）处能识别出“鹰”式战斗机，尤其是当它转向或转离目标时，那一对标志性的巨大机翼更容易暴露它的身份。

下图：F-15E的驾驶舱使得飞行员和武器系统操作员能够轻易地操纵飞机跟踪目标并使用武器系统。

[任务报告]

伊拉克自由行动

伊拉克自由行动开始于2003年3月19日晚。战争的第一天，久经沙场的“攻击鹰”战机机务人员奉命发射AGM-130空对地导弹袭击主要目标。四架“攻击鹰”战机每架都携带一枚AGM-130空对地导弹，并挂载了副油箱和AIM-9“响尾蛇”导弹。两架“攻击鹰”被派往巴格达国际机场附近袭击共和国卫队的兵营，另外两架则被派去袭击萨达姆·侯赛因的游艇俱乐部——袭击这两个目标使得萨达姆在未来几个小时内很难逃离这座城市。这项任务由于技术问题，获得战果有限，但是F-15E战斗机在后来的战争期间继续高奏凯歌。伊拉克空军根本无力反抗，当伊拉克飞行员很明显无意再战时，浅灰色的“攻击鹰”战机最终提前撤出战场。不幸的是，一架F-15E战斗机失踪，情况不明，两位飞行员——机长埃里克·“布特”·达斯和武器系统操作员比尔·“萨勒特”·沃特金斯少校死亡。

下图：一架“攻击鹰”2003年1月中旬飞抵卡塔尔的乌代德空军基地。3月战争爆发后，战机将起飞执行近距离空中支援任务和协调打击与侦察任务。

超大的雷达

“所有雷达之母！”这是“迪斯科”·迪尔德描绘“鹰”式战机机头上的APG-63雷达的特点所说的话。他补充道：“F-15战斗机的雷达有36英寸见方，与F-4战斗机的24英寸见方的雷达相比，意味着它的输出功率更高。朝你前方发射的雷达电波能量更强，探测范围更远，当然对你更

> ***飞行员的评价***
>
> **“我觉得驾驶F-15飞行是一种享受：这是一架超级现代化的大型战机，根本没有F-4上的那些缺陷。”**
>
> 迪克·安德雷格
> F-4和F-15的飞行员兼教练

下图：F-15战机起飞前一名维护人员正在检查它的翼面，正是这双“鹰”的翅膀让战机看起来如此巨大。“鹰”式战机巨大的体积使得敌人在16千米（10英里）外就能发现它，因此一旦进入这个范围，飞行员驾驶飞机一定要倍加小心。

有利。从第一次世界大战开始，战斗机飞行员的传统法则是先发现敌人的更容易获胜。无论是驾驶三角翼飞机的冯·里希特霍芬，还是F-15战斗机的飞行员，先发现敌人就能占得先机。一旦你发现敌人，就可以转向避开敌人的雷达视野，从侧面或从机尾方向接近它。你可以打他一个出其不意，然后像棒打一只小海豹那样击毙他。”

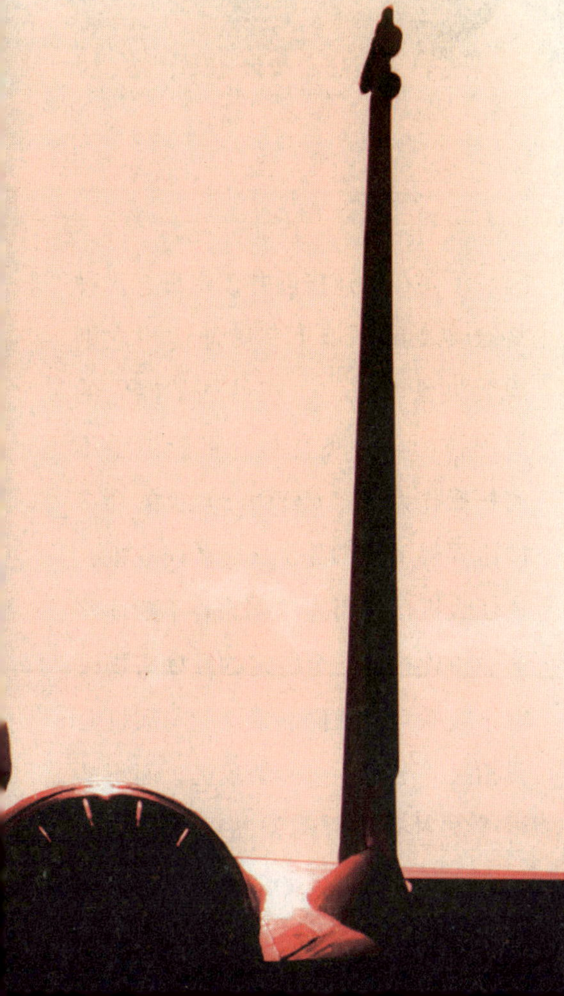

F-15战机的雷达代表着一种超出了20世纪70年代飞行员期望的先进技术。不仅在于相对于以前的战斗机，它的探测距离更远；更因为它可以对原始的雷达回波进行计算，给飞行员提供电脑合成的雷达探测图片。

抬头显示器（HUD）和手不离杆操作系统（HOTAS）

除了雷达外，在同时代的喷气机战机中，“鹰”式战斗机还拥有几个超一流的设备。从飞行员的角度来看，最重要的两个设备就是抬头显示器（HUD）和众所周知的手不离杆操作系统（HOTAS）。迪尔德解释说：

“抬头显示器（HUD）可以使你在正常观察机外信息的同时也能看到所有的飞行信息，以及目标的相关信息。对于一个米格-21般大小的目标，正常的视觉发现距离约为2英里，而抬头显示器（HUD）和它的目标信息可

上图：一架第482“斗士”中队的F-5E战斗机，驻扎在英国的莱肯西斯空军基地，在“伊拉克自由行动”中的一次战斗中撒播出一片红外干扰弹。

以使我们看到四到五英里外同样大小的目标。这是一个非常大的优势。

“飞行员要花费200～250小时练习驾驶飞机才能熟练掌握手不离杆操作系统（HOTAS）。之后你就可以很方便地使用手不离杆操作系统（HOTAS）来操纵雷达和武器系统。很多人都能轻易地掌握它的窍门，但要在快速接近并锁定目标这种复杂多变的环境下完美地运用它则需要大量的练习。在熟练掌握它的使用技巧前，飞行员有可能被手不离杆操作系统（HOTAS）上的众多按钮弄得手忙脚乱，从而贻误战机，放任敌机扬长而去。你需要不断地移动手指，按照一个特定的顺序来操纵雷达或战斗。我们都希望能与敌机白刃相接并至少手刃两架敌机，而不是用‘发射后不管的’高级中程空对

F-15已获战果

时间	地点	军事行动	歼敌数目
1979年7月27日	黎巴嫩南部	N/A	五架叙利亚战机
1980年12月	黎巴嫩	N/A	三架叙利亚战机
1981年7月29日至8月31日	黎巴嫩	N/A	三架叙利亚战机
1982年6月6—12日	贝卡谷地，黎巴嫩	加利利和平行动	四十架叙利亚战机
1984年6月5日	沙特阿拉伯	N/A	一架伊朗战机
1985年10月30日	黎巴嫩	N/A	两架叙利亚战机
1991年1月17日至3月22日	科威特，伊拉克	沙漠风暴	三十六架伊拉克战机
1999年3月24—26日	南斯拉夫	禁飞行动	四架南斯拉夫战机

空导弹（AMRAAM）视距外击落对手。F-15战机的手不离杆操作系统（HOTAS）和抬头显示器（HUD）以及雷达使我们完全有能力做到这样。”

多阶段提升计划（MSIP）

20世纪80年代初，F-15战斗机陆续展开了多阶段提升计划（MSIP）。迪尔德解释说，“我们在驾驶舱加装一台新的显示器，用以显示武器装备信息，但多阶段提升计划（MSIP）的真正优势在于给我们提供一台数字化的电脑，相比于原来老旧的模拟电脑算是一个质的飞跃。随着AIM-120高级中程空对空导弹（AMRAAM）和新型雷达组件的引入，我们可以在电脑里编写一些新的雷达模式程序。AIM-120中程空对空导弹（AMRAAM）是一种非常厉害的‘发射后不管’的武器，同时也是一件良好的‘瞄准——发射’武器。”

F-16战斗机

洛克希德·马丁公司的F-16“战隼”是现役产量最多的喷气式战斗机之一。它以惊人的机动性闻名于世，“毒蛇”已经从一架简单的点防御战斗机日趋成熟为一架复杂、多角色的战斗轰炸机。

F-16的驾驶舱经过了精心的布局，相比于此前的战斗机，显得尤为简洁明了。

飞行员的评价

“‘毒蛇’就是为了飞行而生！你输入指令，飞机就会立即做出响应。”

尼德·林奇少校
美国空军F-16飞行员

上图：F-16的设计要求很简单：在天气良好的白天能够保卫机场附近的领空。随着时间的流逝，如今它已成为全天候昼夜型战机，并且职责范围还在不断地扩大。

美国空军关于F-16战斗机的官方称谓是“战隼”，但是数年来它还流行着几个民间的绰号。

一名驾驶F-16战斗机14年的飞行员林奇解释了F-16绰号的起源：“F-16是1972年展开的旨在发展轻型空优战机的‘轻型战斗机’研制计划的产物。它的第一个非官方的绰号是‘电动喷气机’，得名于它的电传飞行控制系统。然而，F-16战斗机最受欢迎的名字，也即它的飞行员和地勤人员使用的却是‘毒蛇’。当我想起‘毒蛇’，我的脑海便会浮现出毒蛇在瞬间攻击并致敌死命的场景……确实很像F-16战斗机。我们中的大多数飞行员都觉得‘毒蛇’这一名字比‘战隼’或‘猎鹰’更酷。‘毒蛇’起源于电影《太空堡垒·卡拉狄加》，其中有一架单座战斗航天机名为‘毒蛇’。”

电传操纵

F-16战斗机的发展目标之一是飞机拥有优秀操作特性的同时可以让飞行员进行傻瓜式操纵。林奇解释了它是如何完成的：“为了实现这一目标，工程师采用了非静稳气动布局的‘放宽静稳定度’技术。”

林奇解释道："F-16战斗机必须有一个飞行控制系统来保证稳定飞行；电传操纵系统（FBW）借助电脑来感知飞行状态并输入指令以保持飞机稳定。基本上，没有电传操纵系统（FBW），你就无法驾驶飞机。"

林奇指出，电传操纵系统（FBW）的计算机承担了大量的工作。"驾驶'毒蛇'的飞行感觉很自然。你操纵控制杆输入指令，飞机会立时响应。飞机时常能达到1g的加速度，因此你不必像大多数飞机那样需要不断调试，这就使得它很容易驾驶。我们还有舵机连接装置，这就意味着在滚转和旋转期间，电脑自动补全舵角，因此在飞行时你很少会使用到方向舵。实际上，方向舵踏板只有

下图：F-16上安装的ACES II倾斜式弹射座椅的一个附加好处是能够缓解飞行员在远途飞行时的疲劳度，并能增加飞行员的抗过载能力。

[任务报告]

沙漠风暴

1991年1月17日，由美国为首的多国部队攻击于1990年8月非法占领科威特的伊拉克部队。这次行动被称为“沙漠风暴”，充分利用了美国空军（USAF）多达249架的F-16战斗机。

“毒蛇”战机总计出战超过13000架次袭击伊拉克武装人员、装甲部队和设施，超过任何其他的联军战机。F-16的袭击对象包括位于科威特和伊拉克南部的伊拉克设施，飞毛腿导弹及其发射台，兵工厂和后勤站，化工厂和飞机场等目标。

F-16战斗机有引以为傲的95.2%的任务完成率，这就意味着有249架毒蛇战机全部处于临战状态，而且几乎很少出现需要维修的问题——只比平时的故障率高5%。

这些F-16战机中有72架挂载了蓝盾吊舱（夜间低空导航暨红外线瞄准吊舱），它们能够在极低的高度上穿越漆黑的夜晚加速奔袭目标。同时，虽然只有AAQ-13导航吊舱可用[完整的蓝盾吊舱还包括AAQ-14红外（IR）瞄准设备]，这些F-16战斗机仍在自己的能力范围内成就了一段传奇。事实上，蓝盾的任务完成率超过了98%

在13000架次的出战中，共损失了5架F-16战机：3架被地对空导弹（SAM）击落，1架是因为炸弹过早爆炸，还有1架是由于引擎起火。

停火后的十年内，美军在伊拉克建立了两个禁飞区，F-16战斗机继续在伊拉克上空巡逻，并在多次空袭中崭露头角。随后，在2003年3月，伊拉克战争爆发，“毒蛇”战机再一次频繁登场。

左图：1991年1月底，一架F-16C战斗机正在接受KC-135空中加油机的加油。在战争的尾声阶段，成群的F-16战斗机跟在空中加油机后面接受空中加油，然后再进入伊拉克和科威特领空。

在滑行，或是在你需要侧飞来增加阻力以免超越长机时才派上用场。”

为了评估F-16战斗机的操作性，林奇甚至让他14岁的儿子来体验一把模拟器：

“他能够维持基本的飞行控制，甚至能使飞机着陆。F-16自身良好的操作特性能让飞行员更为高效实用地驾驶这架单发单座战斗机。正是电传操纵系统（FBW）这一高端技术帮助‘毒蛇’在近程的缠斗中略胜一筹。

“F-16的转角速度并不像大多数战机那样是一个具体的空速值，实际上是一个大概的空速范围。这就是我们相对于那些非电传操纵战斗机的最大优势所在。在不同的飞行阶段F-16的机翼形状会稍有改变：电传操纵系统（FBW）、前缘襟翼、襟副翼、水平安定面和方向舵都协同工作来提供最佳的飞行表现。”

这样一来，在任何给定的速度下，毒蛇战机总能保持最佳的转向性能，使得它在缠斗或者转向的空速衰减方面都有决定性的优势。

电传操纵系统（FBW）还有其他一些不那么明显的优势。林奇举了个例子：“F-16的一个很酷的特征是当你推下离合杆准备降落时，襟翼会自动下落。你要注意当你准备起飞时，要迅速地抬起离合杆，这样襟翼也会很快地缩回……在热天满载弹药起飞时，你要比平时晚上几秒，等飞机完全腾空时才合上离合杆。”

九个重力加速度的能力

F-16战斗机是有史以来第一架能承受9g过载的战斗机。林奇说，“这种能力在缠斗时尤为重要。你要尽可能快地咬住敌机，通过拉大过载来获得尽可能多的角度，以到达它背后的‘控制区’内将其击落。从本质上讲，你拉动的过载越大，你战胜对手的机会就越大。”

据林奇言：“拉到9G的过载是一件富有进攻性的事情。在你的心里，你已经完全集中精力驾驶喷气机与敌人战斗。当在战圈中遇上敌机做基本的战斗性机动时，你会全力拉动飞机咬住它。这样一般都会有至少8G的过载，甚至会达到9G过载。”

林奇补充说，做这样极限机动飞

上图：也许F-16战斗机最显而易见的缺陷在于其相对较小的载弹量。图中3架空中国民警卫队的F-16战斗机编队飞行，每架战机均满载两枚907千克（2000磅）GBU-31联合直接攻击弹药。

行后飞行员就会出现一定的生理症状。“拉动9G过载后，你的手臂上出现大量的‘淤血’。你手臂里的血管破裂出现淤血现象，或是你身体一侧下方会出现一些细小的紫色斑点；有时候看起来就像是你的手臂被晒伤了。你并不会疼痛或有其他感觉，而且淤血会在24小时内自动消失。”

过载昏迷（G-LOC）

对于F-16战斗机的飞行员更严重的威胁是普通过载时就会出现、高过载时更易发生的过载昏迷（LOC）。“过载昏迷已经导致了几名F-16飞行员的身亡。因此，拉到高过载（G）是公认的风险并且是我们职责的一部分。因此所有的F-16战斗机的飞行员必须通过在离心机的9G过载的考验后才能开始驾驶飞机。你驾驶它的次数越多，你越能适应它，你的身体对高

F-16战斗机的厮杀

1981年以色列国防军上演了F-16战斗机的处子战，以色列空军的“毒蛇”战机击落了叙利亚的一架米格-8直升机和一架-21“鱼窝”战斗机。1982年，“毒蛇”再度出征，在加利利和平行动期间以色列击落了更多叙利亚空军的飞机，这次战争也被称为黎巴嫩战争。

在1986年5月到1988年11月的苏联阿富汗战争中，巴基斯坦空军的F-16战斗机击落了8～10架阿富汗空军的战机和苏联空军的对地攻击机和运输机，捍卫了巴基斯坦的领空。

尽管在1991年的“沙漠风暴”行动中，F-16战斗机没有击落任何一架伊拉克战机，但是在南北禁飞区中，F-16击落了两架伊军飞机。

1994—1995年的波斯尼亚的维和行动中，两架北大西洋公约组织（NATO）的“毒蛇”战机摧毁了四架海鸥战攻击机。5年后，南联盟军队的行动再次遭到“毒蛇”战机的阻击，同时这也是F-16第一次为荷兰皇家空军厮杀，在这次战斗中F-16A战斗机发射一枚AIM-120先进中程空对空导弹击落了一架塞尔维亚的米格-29战斗机。

下图：F-16的多功能性是指其能够携带绝大多数美国空军武器。对于那些需要在防区外消灭的目标——需要有一种即可雷达制导又能红外制导的空对地战术导弹——AGM-65“小牛”导弹是不二之选。

过载的承受力也越强。因此，饮食和运动是驾驶‘毒蛇’战机一个很重要的方面。均衡饮食（蛋白质和复合碳水化合物的平衡），再加上力量和心血管的训练，能降低过载昏迷意外事故的发生。”

战斗优势

“毒蛇”飞行员双管齐下应对过载昏迷的威胁——抗载动作训练和能够降低过载昏迷发生几率的先进的空调座舱。林奇一一对其进行解释：

“目前美国空军（USAF）的L-1抗G动作——一种通过减少四肢和腹腔血液含量，有节奏地增加胸腔压力以帮助心脏产生足够血压向头部供血，从而增强飞行员抵抗G力的动作。在遇到高过载时，绷紧四肢、腹部以及胸部的肌肉，将头低垂到两肩之间，全闭声门哼3秒，然后在1秒内放松以进行呼吸并让胸部的静脉血回流。为了协助L-1动作，F-16战斗机一个‘战斗优势’系统，旨在提高对过载昏迷

(G-LOC)的忍耐力，消除疲劳并防止过载昏迷(G-LOC)引发的灾难。它实际上是一个加压呼吸系统，将高压空气经过氧气面罩压入飞行员的肺部，帮助飞行员呼吸。

“这个系统并不能取代L-1抗G动作，它只是给飞行员提供额外的缓解疲劳的优势。过载让你肺部肌肉难以舒张，而压入肺部的高压空气则让你吸入新鲜氧气，如此便可形成2～3秒的空气交换过程。吸入的高压空气有助于保持肺部的气压，能帮助你的心脏将血液输送至眼睛和大脑等重要部位。”飞行时，大脑缺血和缺氧就会导致过载昏迷的发生。

上图：以色列、荷兰、巴基斯坦和美国的F-16战机都创造有击落敌机的记录。F-16还参与了很多空对地攻击作战任务，使它成为现代战争中成功的多用途战斗机。

抬头显示器(HUD)和手不离杆操作系统(HOTAS)

F-16战斗机使用了油门和操纵杆结合的手不离杆操作系统(HOTAS)。

左图：丹麦是欧洲仅有的几个使用F-16A/B战斗机的国家之一。荷兰、比利时、丹麦、挪威和葡萄牙等几个欧洲国家联合开展战斗机中期寿命升级计划，将他们现役的老旧的“毒蛇”升级到Block 50的标准。

此外，毒蛇驾驶舱的布局也是经过精心设计而又非常简洁的。

林奇说：“你坐进F-16战斗机内就像穿上一条紧身的牛仔裤，同时在战斗中你还要穿着一件救生背心和抗压服。因此，夜间在机舱内摸索着控制台面板上的一个小小的开关是不可取的，也不要试图在缠斗中找到9G过载的开关。手不离杆操作系统可以让飞行员更快速、更容易地驾驶飞机，特别是在9G过载时！

“在F-16战斗机起飞后，飞行员使用最多的按钮大多分布手不离杆操作系统和两个多功能显示器（MFD）以及位于抬头显示器集成控制面板（ICP）上。F-16战斗机在人机工程学方面表现出众。我曾驾驶过F/A-18和F-15战斗机，很难击败拥有如此优秀人机工程学的‘毒蛇’。便于操纵的航空电子设备在合适的时机进行合理的操作有助于减少意外。最糟糕的事情莫过于你想向目标投放炸弹时发现自己的武器还没就位。”

多用途战机

过去很长一段时间内F-16的根本定位是一型拦截机，但在过去的几年里，F-16战斗机一直在稳步升级，逐步成为一款不受天气影响的全天候能兼任战斗机和轰炸机的多用途战机。

林奇作为一名经验丰富的“毒

蛇”战斗机的飞行员以及参与过2003年3月伊拉克战争的老兵，解释道：“驾驶‘毒蛇’战机在空对空战斗和空对地战斗的要求都非常苛刻。经过这些年的发展，我们从一架白昼型使用热导导弹（短距离，热导AIM-9‘响尾蛇’导弹）和常规无制导（GP）导弹的目视飞行战机演变为一架不受天气影响的全天候的可发射热导导弹和制导导弹（AIM-120先进的中程空对空导弹）并能利用瞄准吊舱投射激光制导炸弹的战斗轰炸机。当然，我们在夜间执行任务时要戴上夜视镜（NVG）。”

熟练“毒蛇”战机的所有任务对任何人都是一项艰巨挑战。

林奇继续说，“这是能力问题。如果你把它当做轰炸机使用，那它很容易上手，你很快就熟练了。然后，半年之后，你也许需要驾驶它进行空战，作常规机动动作，在这些任务上你就不一定能够做的得心应手。”

下图：F-16战机的自卫系统包括机身尾桁处的内置箔条与红外干扰弹发射器。

B-1B“枪骑兵”战略轰炸机

一些像美国空军的罗克韦尔公司的B-1B“枪骑兵”战略轰炸机一样的现代化战机所担负的使命正发生着根本性的转变。它最初只是作为一种低空突破敌军防线投放核导弹的渗透者，而现在这种可变后掠翼轰炸机已经成为全球反恐战争的开路先锋。

飞行员的评价

“我敢保证我们是这里（伊拉克）最让人闻风丧胆的飞机……这里没人能击败我们。”

“奥·多伊尔”
迪埃斯空军基地第7轰炸联队的B-1B飞行员

第28轰炸机联队第34轰炸机中队的一架B-1B轰炸机准备从埃尔斯沃斯空军基地起飞执行训练任务。值得一提的是轰炸机的“战斗机型”的单尾翼，在没有副翼的情况下，可以通过它实现飞机的纵向控制。

美国空军口中的“骨头”（军用称号“Bomber-one”的缩写），如今的B-1B战略轰炸机其前身是速度可达2.2马赫的B-1A战略轰炸机，B-1A的设计初衷是作为冷战时期的B-52“同温层堡垒”战略轰炸机的替代品。尽管B-1A型战略轰炸机于1977年下马，但是B-1B“枪骑兵”战略轰炸机保留了其前身显著的特征和部分性能特点，并且拥有美国空军（USAF）现役任何飞机都无法企及的武器荷载量。1991年随着冷战的结束，B-1B放弃了核打击能力，但它自身类似战斗机的性能以及携带3.4万千克（7.5万磅）精确制导武器飞越洲际范围的能力仍确保其重要地位不可撼动。

B-1B“枪骑兵”战略轰炸机放弃了原来B-1A战略轰炸机的高空性能而是大大缩小其雷达反射面积，并提升在高威胁的环境中的生存能力，同时还保留了不错的高亚音速巡航速度。

飞行特点

尽管B-1B“枪骑兵’战略轰炸机可能不具备同时代战斗机的机动特点，但其机务人员对它的加速度和灵敏性充满信心，甚至在空战演习中偶尔还能逆袭更为灵敏的敌机。

在南达科他州的埃尔斯沃斯空军基地（AFB）第二十八轰炸联队服役的B-1B“枪骑兵”战略轰炸机飞行员

上图：B-1轰炸机的主要特征是机翼与机舱相连处的平滑轮廓。

“尤他”，曾担任B-1B的武器系统操作员，共有大约9年驾驶“骨头”的经历。在他看来，与那些战斗机相比，B-1B的性能也不遑多让：

“B-1有一个略具贬低意味的绰号‘能源制造者’，正如我们所说的，它有足够的发动机推力和气流。我们可以实现急转弯，但是我们要限制在三个重力加速度（G）内，同时我们的机翼要完全后掠，这一点上不如一架战斗机。”

事实上，从处理和操纵的角度来

[任务报告]

持久自由行动

B-1B战略轰炸机首次投入实战是1998年美国领导的袭击伊拉克的“沙漠之狐行动”，并参与了1999年的科索沃战争。在随后的“9·11”事件中，“骨头”也在全球反恐战争中发挥了积极的作用，在阿富汗的“持久自由行动”和2003年开始的“伊拉克自由行动”中均有不俗的表现。“持久自由行动”中的一位资深的B-1B战略轰炸机的飞行员“奥·多伊尔”描述了在阿富汗上空的一次典型的近距离空中支援（CAS）的任务：

“一旦到了起飞时间，我们就会滑出跑道，起飞，然后开始爬升，我们从基地到目的地一般需要2~6个小时。我们的飞行渐趋平稳，巡航至我们要去的地方。有时候，如果到达我们将要部署的战区距离较长的话，我们需要进行空中加油。”

在出发之前，B-1B战略轰炸机的四名机务人员已经从地面指挥官那里获取大量有关空袭目标的基本情报。“奥·多伊尔”解释说：

“目前在阿富汗，盟军经常会请求我们的支援；很多国家的部队都向我们请求过支援——我最后一次在那里的时候就配合英国的地面部队做了大量工作。由于种种原因，他们会请求空中援助，同时这帮人也会根据局势来决定需要什么飞机来最大程度地完成空袭任务。

“一旦飞机到位，机务人员就会在盟军控制中心联系，告知他们自己的位置以及特殊武器的携带情况，同时也会获悉此次空袭的任务属性。他们会告诉我们‘一

切随你’，意思就是你同意做什么就去做什么——如果此时战事还在继续的话。我们既能主动出击执行空袭任务，也可以‘随叫随到’——这样的话我们就很少升空，而是等待随时可能出现的支援请求，然后立即出动。通常我们所做的就是支援交战部队。交战部队无处不在……他们没必要只在与敌人交火后才召唤我们，他们在感受到威胁或者有情报显示敌人已经准备进攻或者觉得自己需要空中掩护，就可以请求我们前去支援……

“通常情况下，盟军所有的作战单元里都有一名联合目标攻击控制员（JTAC）……如果他们有情报显示可能会遭到攻击，就可能会召唤我们。很多时候我们根本没必要前往并投放炸弹，他们只是希望我们能够过去耀武扬威一番：在该地区低空飞行制造出大量的噪音，让那些坏人知道：‘嘿，大家伙们来了！’这种情况时有发生，在战事不是很‘焦灼’的情况下，即使并没有真的遭到袭击，他们也喜欢这样做，他们特别乐意先去‘劝诫’敌人：‘看，这些大家伙就在这里，也许你们该赶紧逃跑吧，否则小命难保’……很多时候，这还真的起了作用，敌人果然销声匿迹了。”

“奥·多伊尔”毫不怀疑“骨头”在阿富汗发挥的关键作用，说道：“前进空中控制员们非常喜欢我们。如果当时我们有一个瞄准吊舱的话一切就会更加完美，当然后来我们还是有了。我们的庞大，我们在战争中的威名远播，我们巨大的载弹量都让他们（前进空中控制员）对我们青眼有加……我们很好地完成了自己的工作，地面上的家伙对此也很感激。我已经记不清自己有多少次为能够拯救地面上人们的生命而倍感欣慰……这种感觉真的很不错。这就是我们在那里的目的。他们非常感激，同时这也是一种很令人满足的感觉，尤其来自盟军的感谢，特别是在阿富汗那种地方。”

左图：夕阳映照下，一架参加“持久自由行动”的B-1B轰炸机剑指前方，枕戈以待。在阿富汗的军事行动中，能够看到B-1B的身影活跃在近距离空中支援任务中。

看，拥有四个引擎的B-1B“枪骑兵”战略轰炸机与战斗机主要的不同在于飞机转弯半径的局限性。“奥·道尔”是持久自由行动的一名老兵，现任得克萨斯州代斯空军基地（AFB）第七轰炸联队学校的B-1B“枪骑兵”战略轰炸机教练，解释道：

“B-1B‘枪骑兵’战略轰炸机的滚转率，即它的左右转动以及机翼快速转动的速度，是非常的迅速。B-1B的机翼顶部装扰流板，但是我们也加装了战斗机特有的全动水平尾翼。我们没有安装B-52这样的传统飞机上必装的升降舵。我们会像F-15或F-16一样战斗机整个尾翼面移动，当我们让飞机翻滚时，电脑综合指令，机尾会转动以协助转动，因此便获得一个接近于战斗机的滚转率。我想说的是，它在这方面很敏捷。对我们而言，最大的限制因素是旋转半径。我们的飞行速度和F-15及F-16战机一样。当飞机以高空速飞行时，但是如果它们（F-15、F-16）直接旋转，会产生7～9个G的过载，此即为机头速率。显然在7～9G过载的作用下，机头速率能够使你做一个真正的急转弯。但对我们而言，飞机如此之大，我们有G值的限制，不能使我们的转弯率接近那些战斗机的机头速率。但是在其他所有方面的表现，我们可与之媲美，同时

下图：在4台开着加力燃烧的通用动力F101发动机的推动下，一架B-1B轰炸机离开英国费尔福德空军基地，支援1999年的“盟军力量”行动。在这次行动中，所参与的6架B-1B轰炸机共投放了相当于盟军弹药投放总量20%的炸弹。

上图：一架第7轰炸联队的B-1B轰炸机机翼向后掠至极致，高速飞过。

在加速度方面我们也是很优秀的。”

尽管B-1B的驾驶舱给人一种战斗机的“感觉”，但在驾驶时仍需要考虑它在高海拔时的局限性，B-1设计方案的遗留问题迫使枪骑兵尽可能地优化其低空性能，正如“尤他”所说的：

“如何运用操纵杆和油门驾驶飞机飞行，同F-15和F-16战斗机非常相似。此外，它的旋转性能和一般的战斗机不太一样。然而，在高海拔的地方，我们就是你所说的一个‘太空猪’。在高海拔的地方，我们就显得有些力不从心，在不同高度下飞机允许的最大总重也会改变，我们对此必须谨慎对待。B-1B‘枪骑兵’战略轰炸机设计目的就是成为一个低空破防的侵入者，它的发动机和气动布局也是专为这种环境设计的……因此这是驾驶B-1战略轰炸机更具挑战性的方面：要在高海拔区域充分发挥自己在该系统和该空域的知识，例如，飞行速度极限等。”

逆袭

毋庸置疑的是，“Bone”在空战机动性方面并无颓势，“奥·多伊尔”想起在一次红旗军演时，B-1B“枪骑兵”战略轰炸机利用加速来突显它的优势：“我们的一个对手（一架红方的F-16战斗机），转向我们，试图在我们后面使用热导跟踪导弹射击，而我们只是进行加力燃烧就基本上甩掉它，它无法赶上我们，我们加速扬长而去……。通常在红旗军演中我们的挂载较轻，因此便有一个理想的推力重量比。与其他战机相比，我们的确更擅此项。另一个重要因素是燃料，我们能携带更多的燃料。一架F-16战斗机加力30秒钟，就会耗尽燃料；实际上它会缩小你的作战范围。”

尽管B-1B“枪骑兵”战略轰炸机在1986年已经初具作战能力，和F/A-18战机这样的飞机属于同代战机，但它的驾驶舱相对于F-15或F-16这样的战斗机而言都显得有点过时。事实上，“奥·多伊尔”描述B-1B“枪骑兵”战略轰炸机驾驶舱的自动化程度是“里面的东西你都能在B-52H上找到。B-1B‘枪骑兵’战略轰炸机

不是一架高度自动化的飞机。B-1B拥有一个能在高海拔巡航时使用的自动驾驶仪，你不能像C-17那样使用自动油门飞行。我们无法达到像F-15或F-16战斗机所能达到的那么多G的加速度，但显然，我们做的也不可能像那些飞机的飞行电脑所做的一样复杂。他们的稳定性相比于我们先天不足，因此……对于那些战斗机而言，许多东西需要电脑来处理……F-16的飞行员无法使飞机进行过G值的加速，在B-1B‘枪骑兵’战略轰炸机上则没有这样的顾虑。这是一架非常实用的飞机。我们使用所有的方法飞行，在所有低水平线，我们都动手操作，因此我认为它可能在很多方面都很有实力，但是相对于现代的飞机，它的技术含量有点低……当然，相对于C-17运输机、B-2隐形轰炸机，更新型的飞机具有更高的自动化，他们在驾驶舱内有彩色显示器，这儿可能有相当大的能力使喷气机为你飞行。在飞机上我们没有那样的能力，这正适合我，不过这是很棒的飞行。”

可变后掠翼

B-1B“枪骑兵”战略轰炸机的可变机翼也是其在美国现役战机中显得与众不同的另一个因素，“奥·多伊

左图：B-1B轰炸机同样也在空中国民警卫队服役，图中这一组4架B-1B轰炸机隶属佐治亚空军国民警卫队的第116轰炸联队。2002年，该联队改为空中控制联队。

[任务报告]

“骨头”的武器

20世纪80年代中期服役的B-1B战略轰炸机本打算用于核作战，能携带大量的核巡航导弹袭击敌军高价值保护森严的军事装备。冷战结束后，“骨头”于1991年放弃了它的“核攻击”角色，至少在一段时间内，观察员可能会质疑它对五角大楼的价值。然而，中东和前南斯拉夫的事件给了B-1B战略轰炸机在冷战后国际环境中证明自己的机会，同时随着传统任务升级计划（CMUP）的逐步展开，B-1B轰炸机的武器选择性和灵活性成倍增加。“9·11”事件之后，该机作为美军的核心投放手段进一步显示了其重要作用，并在阿富汗和伊拉克成功发射了一系列新的“近距离精确常规武器”。B-1B战略轰炸机参与了1999年的“盟军行动”，携

下图：目前，B-1B最重要的武器是联合直接攻击弹药。图中一名地勤人员在向一架参与“持久自由行动”的B-1B轰炸机上装载一枚GBU-31联合直接攻击弹药。B-1B轰炸机一共可以携带24枚这种炸弹。

带MK 82 227千克（500磅）级炸弹，自此“骨头”具备投放GPS制导联合直接攻击弹药（JADM）的能力；并可携带包括CBU-87集束炸弹、CBU-89“加图尔”子母炸弹、CBU-97传感器引爆弹和风修正子母炸弹（WCMD）家族在内的一系列集束炸弹；以及AGM-154联合防区外武器（JSOW）。

“奥·多伊尔”解释说，“目前B-1战略轰炸机可以携带各种各样的GPS辅助弹药（GAM），我们在阿富汗携带的主要是2000磅（907千克）的GUB-31GPS制导炸弹以及500磅（227千克）的GUB-38GPS制导炸弹。那些都是近距离空中支援武器，使得我们非常容易精确地配合地面部队作战……我们没有携带激光制导武器……它们有一个特殊的导引头，使得我们的炸弹舱没有足够的空间来安放它们；我们也能设法携带它们，但是目前我们没有定位目标能力……当然这最终都可能实现。我们还努力提升我们携带500磅级炸弹的能力。”

与此同时，“尤他”描述了目前“骨头”在“视野”方面的一些武器系统升级情况：“我们为B-1战略轰炸机寻求一个瞄准吊舱。它将使我们拥有现代战斗机的红外线能力和电光能力。目前我们受限于只能用雷达来确认目标，因此我们要依赖地面的联合目标攻击控制员（JTAC）。随着瞄准吊舱的加装，我们能够直观地识别所谓的目标，能够更好地定位，并能进行区域监测……武器还是原来的武器，我们只是使用这些传感器来更准确地使用这些武器。”

一种新的制导武器的引入还将大幅提高B-1B战略轰炸机本来就已经令人咂舌的战斗持久性，它就是——200磅级（113千克）GPS辅助小直径炸弹（SDB）。“尤他”说道：“它目前正处于测试阶段。这是我们将来的资本，和我们现在正在使用的AGM-158联合空对地防区外导弹（JASSM）一样：该防区外导弹基本上使我们有能力在敌军的威胁范围外对其实施打击。这些小直径炸弹（SDB）对于执行城郊近距离空中支援任务很有帮助。它配置了小型GPS精确制导弹头……如果我们能携带小直径炸弹（SDB）的话，最大的携带量可达96枚之多。通常情况下，因为弹舱内可以混合挂载，我们不会携带这么多的单一武器。B-1B有三个武器舱，这是它的另一个主要优势：我们可以用不同的发射架来发射不同的武器。我们可以根据空军指挥官的需要携带大量的武器。”

上图：一架机翼大张在高空飞行的B-1B轰炸机，准备接受空中加油，以补充燃料继续在内华达州和犹他州的山区上空巡航。B-1B的加油口位于机头白线标识处。

尔”形容它这一特征为“很多喷气式飞机所不具备的一种很酷的地方”。B-1B的可变后掠翼的控制器也像通常一样安装在驾驶舱内：“你首先得选定它。驾驶舱的左右舱壁上各有一个大大的操纵杆，它们是连在一起工作的，可以一起移动。我们可以完全控制机翼后掠角的变化。”

B-1B“枪骑兵”战略轰炸机初衷是一架低空突防投放核弹的渗透者，而目前它已发生重大的转变，在现在的战斗中它成为近距离空中支援的平台——执行典型的中等高度飞行作战任务。“尤他”热心地概述了B-1B扮演这样一个角色的优势：

“我们的（任务）高度大多数在中高空，具体要求还是要视情况而定……联合直接攻击弹药（JDAM）需要一定的高度才能发挥作用。在西南亚执行任务中，我们根据燃料和武器的携带量来决定最适宜的飞行高度，以便飞机掉头并能准确命中目标。我们的任务就是现在所谓的压制性近距离空中支援，实际上不必担心

下图：四架参与“持久自由行动”的B-1B“枪骑兵”轰炸机离开基地，前去执行一项任务。在行动开始的前6个月内，所参与的6架B-1B轰炸机共投放了相当于盟军弹药投放总量40%的炸弹。

上图：引用一名飞行员的话，“不能说是老旧，但我们确实在技术上稍有些落伍”。尽管美军现役战机中有的战机的驾驶舱要先进得多，但“骨头”的飞行员们都非常喜欢他们的工作环境，而且B-1B驾驶舱会进行定期升级，功能将越来越完善。

来自地面的威胁，因此我们在选择飞行高度以及如何驾驶B-1B时多了一点自由发挥的余地。通常我们都以较低的空速飞行以节省燃料，但是在友军受到攻击或者接到高级别指挥部发来的时间紧迫的命令时，我们有足够快的速度来支援友军。

“相比于其他一些战斗机我们的两翼更长；我们很少需要进行燃料补给……我们已经可以无限制地闲逛。在进行空中加油的前提下，我们执行过连续20～21个小时地待命支援地面部队的任务。同时，四名机务人员分工协作，各司其职，在一架单座战斗机里的飞行员只要他能完成任务就是好的。我们有两名飞行员和两名武装系统员（WSO），可以分担职责并轮流休息一下，这绝对是一种优势……更长的飞行时间，更多的武器有效荷载，对B-1B进行升级改进后，在未来的岁月中，我们将会提供更多的支援。”

AH-64“阿帕奇”武装直升机

粗野刚毅的AH-64“阿帕奇”武装直升机诞生于冷战期间，专门用来摧毁传统战场上的坦克和装甲车辆。拥有令人过目难忘外观的AH-64“阿帕奇”堪称世界上最致命的武装直升机。

飞行员的评价

“从技术上讲，‘阿帕奇’相比于其他的武装直升机有着压倒性优势。世界上没有任何一架武装直升机可堪与之匹敌。”

吉恩·加特勒
CW4 首席飞行员

“沙漠盾牌”行动期间，一架全副武装的AH-64“阿帕奇”直升机飞行在燥热的空中。

曾在越南驾驶过UH-1直升机的吉恩·加勒特是一名经验丰富的直升机飞行员，他认为学习驾驶AH-64“阿帕奇”武装直升机是他遇到过的最困难的事情之一。

“‘阿帕奇’并非一架易于驾驶的飞机，事实上是当我开着它飞行时，许多飞行员还没有完全学会。”

听到一位经验丰富的直升机飞行员承认“阿帕奇”驾驶的复杂性让他大开眼界，特别是他又接着透露那些没有学完这个课程的飞行员中有许多是“有数千小时飞行经验的优秀飞行员”，无疑让人感到匪夷所思。

“阿帕奇”如此难以操作并不是因为它的驾驶方式比其他直升机复杂——依旧是通过油门拉杆控制飞机上升或下降，通过方向控制杆控制飞机的侧倾和俯仰，通过双脚踏板控制飞机的左右旋转。事实上，在天气较好的白天进行飞行时，“阿帕奇”的基本飞行控制比大多数直升机都要简单，因为它的飞行控制系统灵敏可靠。此外，“阿帕奇”的两台通用电气T700涡轮轴发动机是由一个全权限数字式发动机控制系统控制的，这就意味着它们能够进行自我调整，除了启动和终止之外基本不需要飞行员输入其他指令。

我们面临的挑战在于把“阿帕奇”直升机当作一个武器平台来操纵。先进的AH-64“阿帕奇”武装直升机配备有复杂的航空电子设备和攻击系统，这需要消耗飞行员大量的心智能量，尽管直升机的副驾驶员/炮手（CPG）也需要控制其中的一些武器系统并实施攻击。

目标截获/标识系统（TADS）和飞行员夜视传感器（PNVS）

“阿帕奇”在战场上高精确度高速杀伤敌军的能力主要得益于其两大传感器：AN/ASQ-170目标截获/标识系统（TADS）和AN/AAQ-11飞行员夜视传感器（PNVS）。

这两个系统使AH-64“阿帕奇”武装直升机能够在黑夜和天气恶劣的情况下进行低空飞行，搜寻到地面目标并远距将其摧毁。目标截获/标识系统（TADS）和飞行员夜视传感器

（PNVS）分别安装在“阿帕奇”武装直升机机头处的旋转炮塔两侧。

目标截获/标识系统（TADS）安装在旋转炮塔底部，用于发现、识别和瞄准敌人。机务人员的特殊头盔会在驾驶舱内产生的电场，飞行员或副驾驶员/炮手（CPG）只需要转下头、看一眼目标，就可以通过该电场向目标截获/标识系统（TADS）的传感器发出指令。目标截获/标识系统（TADS）由电视摄像机、红外线（IR）传感器、高倍率望远镜、激光光斑跟踪器和激光指示器/测距仪等部件组成。

上图：“阿帕奇”是1995-1996年北约在波黑的维和部队武装力量的一个重要组成部分。图中一架美军的AH-64“阿帕奇”直升机，属于多国维和部队的一部分。

下图：1991年“沙漠风暴行动”期间，第102军需连的士兵正在给一架AH-64“阿帕奇”直升机加油，这架“阿帕奇”将去执行一次常规反装甲作战任务。注意它携带的AGM-114“地狱火”反坦克导弹。

飞行员夜视传感器（PNVS）则直接安装在旋转炮塔顶部一个小花生状整流罩里，它的移动与飞行员的头部移动保持同步，使用与目标截获和标识系统（TADS）相同的技术，配置了红外线（IR）传感器以便飞行员在黑暗中或多尘、多雾时仍能看清楚战场的状况。

集成视觉系统

这一切都很简单，但难点在于如何把来自飞行员夜视传感器（PNVS）和目标截获/标识系统（TADS）的红外视频呈现给机务人员。每位机务人员都要在右眼前戴上一只特殊的单片眼镜，它不仅可以用于投射红外视

左图：阿联酋空军是“阿帕奇”的为数不多的海外客户之一。只有富有的国家才能担负起购买和使用“阿帕奇”武装直升机的负担。

海外使用国

国家	机型	数量
埃及	AH-64A武装直升机后来所有都升级为AH-64D	36架
	新型的AH-64D武装直升机	6架
希腊	AH-64A武装直升机	20架
	AH-64D武装直升机	12架
以色列	AH64A武装直升机，其中24架后来升级为AH-64D	43架
	新型的AH-64D武装直升机	9架
日本	AH-64D武装直升机	60架
科威特	AH-64D武装直升机	30架
新加坡	AH-64D武装直升机	20架
阿拉伯联合酋长国	AH-64A武装直升机	20架
英国	WAH-60D武装直升机	67架

飞行员的评价

“这就是一个价值2000万美元的豪华空中坐骑。”

吉恩·加特勒
CW4首席飞行员

上图：这个旋转翼上方的圆盘状的大帽子（“长弓”雷达）说明这架“阿帕奇”的型号AH-64D。事实上，起初它是一架AH-64C：改进了武器系统的升级版“阿帕奇”，只是没有加装“长弓”毫米波雷达。

频[副驾驶员/炮手（CPG）看到的是目标截获/标识系统（TADS）的图像，飞行员的是飞行员夜视传感器（PNVS）的内容]，还可以显示飞行和攻击信号，对喷气式飞机而言这些信息一般会呈现在抬头显示器上。飞行员所戴的头盔和单片眼镜就是所谓的头盔瞄准显示系统（IHAADS）。

更重要的是，AH-64A“阿帕奇”武装直升机在每个驾驶舱内都有一个监视器，它是副驾驶员/炮手（CPG）的目标截获/标识系统（TADS）的中转器，可向位于后座的飞行员提供目标截获/标识系统（TADS）探测到的信息。更新型的AH-64D“阿帕奇”武装直升机的装备则更加复杂，因为每个机务人员都有一个中转器和两个能够显示移动地图、电子威胁信息的大型多功能显示器。而对于装配了毫米波“长弓”火控雷达的最新型“阿帕奇”武装直升机而言，不仅配备了以上所有的装备，同时还配有会进一步挑战飞行员心理极限的另一个

上图：这架安装了一台70毫米口径火箭弹发射器的得克萨斯空中国民警卫队的“阿帕奇”武装直升机停靠在伊拉克的巴拉德空军基地，参与了“伊拉克自由行动”。这个折叠翼航空火箭系统是一种有效的人员杀伤性武器，事实证明，它也可用来摧毁轻装甲目标。

攻击传感器！

飞行员的训练

加勒特解释说，新飞行员在进入驾驶舱后座成为一名真正的驾驶员前他首先要获得副驾驶员/炮手（CPG）资格，这种递进式的方法会尽量缓和飞行员掌握“阿帕奇”的难度。他

说，其他的递进式步骤还包括：“首先训练你可以在白天目视飞行规则（VFR）的条件下飞行，然后才是借助飞行员夜视传感器（PNVS）进行夜间飞行。”最后的挑战在于飞行所处位置与目标截获/标识系统（TADS）和飞行员夜视传感器（PNVS）之间存在的视觉偏差：“你所有的视觉信号都来自位于你前方6英尺（1.8米）、下方2英尺（0.6米）处的飞行员夜视传感器（PNVS）。除非你的头脑已经适应了你的“眼睛”位于飞行员夜视传感器（PNVS）的所在位置，否则就像使方向舵脚蹬绕着机杆转动这样简单的操作都成为很棘手的挑战，”

现在试想一下，只有你的右眼能看到这包含有许多不断变换的飞行符号的前视红外雷达图像，而与此同时，你的左眼看到的则是窗外漆黑一片的夜空或笼罩在驾驶舱控制台上的一片红光，甚至此时你还有可能需要用左眼读取多功能显示器上的信息，的确很让人头疼。对于那些以左眼为

下图：1991年，一架标准挂载的AH-64A直升机在空中盘旋。携带了4枚AGM-114“地狱火”导弹以及两台19孔折叠翼航空火箭弹发射器。

[任务报告]

阿帕奇直升机的营救

右图：作为它无与伦比的反装甲作战能力的印证，“阿帕奇”可携带多达16枚AGM-114“地狱火”导弹。

2007年5月，美国陆军准尉史蒂芬·茨安弗尼和马克·巴克斯驾驶的OH-58D“基奥瓦”侦察直升机在伊拉克被击落。他们是在返回基地休息的途中遇袭的，飞机猛烈地撞击了地面，随后滚到一个灌溉渠内。后来这两个人在飞机残骸被火烧毁之前设法从中逃了出来。

他们出来时恰好遇上20来个伊拉克武装分子在田间纵火，于是就爬进了灌溉渠避难，但他们很快就发现这灌溉渠比起初看起来深得多。水已经淹没到他们的脖子，茨安弗尼的脚陷到更深的淤泥中，他悲观地认为自己可能会被淹死，但事实证明他是很幸运的。大火蔓延到这两名飞行员周围的水面上，当时正好有一名肩挎AK-47突击步枪的武装分子来到灌溉渠岸边观察水面情况，但并没有看到这两个人，看了一段时间后他示意其他的队员沿着河岸顺流而下。

与此同时，第一骑兵师1-227的攻击侦察大队的两架AH-64D“长弓阿帕奇”武装直升机已经在空中的一架捕食者无人机引导下前去营救遇袭的两名飞行员。这两架飞机用它们的30毫米M230链炮攻击了武装分子。接下来，他们展开了对两名“基奥瓦”飞行员的营救。其中一架由艾伦·戴维森准尉驾驶的“阿帕奇”直升机降落在灌溉渠旁，找到了这两名落水的飞行员。“阿帕奇”直升机的副驾驶员/炮手（CPG）迈卡·约翰逊中尉注意到茨安弗尼状态非常糟糕，于是他从前驾驶舱下来，让浑身又脏又湿的茨安弗尼坐在他的位置上。然后，他把自己的手固定在机身上的手柄上，同时“基奥瓦”的副驾驶员伯罗斯也将自己固定在飞机的另一侧。戴维森驾机起飞并带着四人安全地飞回基地。

这次毫无准备的救援进一步加强了“阿帕奇”直升机本来就很优秀营救能力，实际上这是它在伊拉克的第二次营救。第一次是在一个月前，第三十六战斗航空旅第一营和第十二战斗航空旅第二营的“阿帕奇”武装直升机袭击了极端主义分子，还营救了一名在交战中严重受伤的士兵——杰弗里·吉姆莱德恩。当负责救援的医疗救援专用直升机还没有到来时，“阿帕奇”临危受命。凯文·克里特准尉先是连续对敌射击，压制了敌军火力，然后迅速地跳出来并把吉姆莱德恩带到他的座位上。他抓着机身上的把手乘机离开。

这些营救行动让人回想了越南战争，当时AH-1“眼镜蛇”武装直升机的机务人员进行了类似的大胆营救，但是这些技术却未得到正式认可。如今，一切都发生了改变，所有被派往伊拉克和阿富汗的“阿帕奇”飞行员都要接受实地教学以学会正确使用机身上的把手。

主的飞行员，这种情况将会相当棘手，但对那些以右眼为主的飞行员就相对比较容易调节。

执行任务

目标截获/标识系统（TADS）和“长弓”雷达都用以使机载武器瞄准目标。对于“阿帕奇”直升机而言主要指的是它的30毫米的M230链炮，它可以受控于飞行员和副驾驶员/炮手（CPG）的头盔瞄准显示系统（IHAADS）跟随炮手的头部移动，也可用于锁定由目标截获/标识系统（TADS）正在跟踪的目标。对于其他的近距离攻击，常用的武器是“九头蛇-70”通用非制导70毫米（2.75英尺）火箭弹，“阿帕奇”直升机上火箭吊舱的方位角不能改变，但它们的高度一定范围内可调，火箭吊舱随着

下图：这架AH-64A“阿帕奇”武装直升机罕见地携带两枚AIM-9L“响尾蛇”空对空导弹。

飞行员在攻击期间的小幅度调整而能够向上或向下倾斜以使非制导火箭瞄准目标。不过，“阿帕奇”直升机较常使用的是AGM-114“海尔法”反坦克导弹，借助在山后盘旋或类似的隐蔽手段来进行隐蔽射击。

贴地飞行

直升机若想自由出入敌方区域而毫发无损，需要它具备贴着地形轮廓低空飞行能力，我们称之为贴地飞行（NOE）。

加特勒说，“每次任务的规划要考虑地形、天气、距离、敌人的位置和武器系统等因素，并对我们确定的飞行路线和飞行类型做进一步调整使之发挥出最大优势和最佳灵活性。贴地飞行（NOE）很有挑战性，而且相对于典型的水平直线飞行而言，它更容易使飞行员筋疲力尽，因此不到万不得已我们不会尝试贴地飞行。正如我此前提到的，驾驶配有飞行员夜视传感器（PNVS）的飞机是很困难的，但熟能生巧。”飞行员夜视传感器（PNVS）是完成任务必不可少的工具，他补充道：“飞行员夜视传感器（PNVS）和贴地飞行（NOE）产生的效果和它们给飞行员带来的压力一样明显。如果在夜间时我们的飞行员

夜视传感器（PNVS）出现了故障，那是否继续完成使命将不得不取决于周围的光线和出行的距离。在一个漆黑的夜晚，驾驶没有飞行员夜视传感器（PNVS）的‘阿帕奇’贴地飞行是件很危险的事，无异于自寻死路！”

上图：“阿帕奇”金属键合的机翼使之能够在一些明显的损伤时仍能安全返航。近年来，美国陆军的“阿帕奇”采用波音公司的复合式桨叶，使得飞机的盘旋和向前飞行能力都得到提升。

下图：晨光微露，美国陆军101航空大队的AH-64D“长弓阿帕奇”静静停靠在伊拉克机场中。

E-3“望楼”预警机

E-3“望楼”预警机的传统职责是用来提供机载空袭预警和控制战斗机作战，但是最近在情报、监视、目标搜索和侦察（ISTAR）的旗帜下开始实施新的任务。

英国皇家空军装备了7架型号为“望楼”AEW.1的E-3D预警机。这些E-3D预警机隶属英国皇家空军第8飞行中队和第23飞行中队，分别驻扎在沃丁顿空军基地和林肯郡空军基地。

飞行员的评价

“E-3预警机是一个很棒的工作平台，飞行中工作感觉很舒服。”

大卫·史密斯

英国皇家空军E-3D首席技师

E-3最新的职能包括对近距离空中支援任务、打击时效性强的目标以及地面特种部队的行动提供支援。

E-3“望楼”预警机列装了美国空军（USAF）、北约（NATO）、法国、沙特阿拉伯和英国，但是各国的E-3的系统、内部布局和机务人员的职责以及所执行的任务都不尽相同。例如，北约（NATO）的E-3A预警机有17名机务人员，但是在随后主要的升级规划中已经减少到16名。尽管英国皇家空军（RAF）的E-3D预警机在培训时可以携带多达30名机务人员，但是正常的机务人员配额是18名。

英国皇家空军（RAF）“望楼”预警机的驾驶舱机务人员是由两名飞行员、一名导航员和一名飞行工程师组成。其余的任务人员由战术指挥领导，包括：三名武器控制员，一名战斗机分配员，一名监视控制员和两名监视操作员，一名数字链接管理员，一名通信操作员和一名电子支援措施（ESM）操作员。还有一个负责支援的由三名技术人员组成空中信息技术组，这三人分别负责数据、雷达和通信工作。

E-3“望楼”预警机的基本任务是综合处理战场上空中、陆基和海上雷达和传感器的信息，形成可识别空中图（RAP）和可识别表面图（RSP）。然后指引友军飞机朝着目标飞去并提醒他们可能的威胁。

顶部的大圆盘

E-3“望楼”预警机的飞行员通常要学习如何驾驶多发动机小型螺旋桨飞机，比如比奇“空中霸王”，然后再学习驾驶如霍克希德HS-125德米尼或比奇T-1杰霍克这样的轻型喷气机。培训E-3“望楼”预警机的飞行员及任务人员时会时常用到模拟器。模拟器是在地面上再现了整个E-3预警机的内部设施，同时另一个房间内的数字系统也可以模拟E-3整个的飞行状态。

谈到真正驾驶E-3“望楼”预警机，英国皇家空军（RAF）第八中队的飞行员中队长詹姆斯·拉德利说，它就是一架“背着一个大圆盘”的波音707飞机。这个大圆盘就是它的旋转天线罩。英国皇家空军（RAF）的E-3D预警机与E-3A预警机相比动力更大。

“E-3D的性能更好，即使刚刚进行完空中加油，飞机很重，我们仍能爬升到飞机的最佳操作高度——3万英尺左右的高空，而E-3A刚刚加完油时则无法达到那个高度，需要消耗一点油才能爬升到2.7万～2.9万英尺。在阿富汗执行一次任务时，E-3A需要进行2次空中加油，而E-3D只需要一次。”

手动飞行

拉德利还说，“在水平飞行时旋转天线罩带来的升力和阻力基本相当。如果你倾斜飞行，它就会产生影响。E-3能勉强达到40度的倾斜角，过之旋转天线罩就会很影响飞机的滚转率。和所有的707飞机一样，方向舵是唯一的动力飞行控制面板，因此控制起来非常费力。飞机的自动驾驶仪相当过时，因此除了巡航外，其余时间我们都倾向于用手动操作飞行。飞机上没有飞行管理系统。模拟自动驾驶仪里装有全球定位系统（GPS）和惯性导航系统（INS）这样的现代导航设备。模拟驾驶仪的仪表已经不堪重负，因此我们赶紧购置了彩色显示屏。这个新的显示器只是代替旧仪器，仅作显示用，不附带任何新功能。

“飞机的系统很复杂，因此我们还有一个飞行工程师。在他的协助下，领航员的工作也变得轻松。他掌管着全球定位系统（GPS）和惯性导航系统（INS）指出所有的导航点和并用所装备的无线电辅助设备对其进行交叉检查。如果我们在夜间与导

右图：尽管E-3预警机的主舱内遍布复杂的航电设备，但它驾驶舱内的仪表仍保留着它的基体——20世纪50年代设计的波音707客机的老样子。

[任务报告]

E-3D预警机的使命

平时E-3D的任务是配合演习和训练“望楼”预警机的机务人员。英国皇家空军（RAF）第23中队的空军上尉本·拉塞尔解释道：

“一次典型的任务包括：从飞机场起飞，进行空对空加油，然后是训练所有飞行员。我们倾向于练习紧急情况下完成其他所有的使命，只要没遇上天气问题或有返航的时间限制。飞机的安全性至关重要，因此如果要求立即返回基地，我们就不会这么做。在保证空中加油的情况下，我们最长可以连续滞空72小时。这受限于机务人员的疲劳度，因此你需要增加机务人员。在机舱后部有六个机务人员的休息铺位。这在我们需要时会派上用场，例如，机场正面临紧急状况，或处于危险之中，或正遭遇战火袭击。

“我们主要的问题之一是飞行员的通用性，因为一般的飞行员只负责起飞，沿着航线飞行和着陆。我们要么专门弄一架用于飞行员训练的飞机，要么就在飞机完成任务之余去训练飞行员。我们花了大量的额外飞行时间来训练飞行员，包括练习空中加油。”

下图：在2003年的“伊拉克自由行动”中，从波斯湾的机场起飞的英国皇家空军的E-3预警机参与了大多数作战任务。

航员失去联络，我们也能在屏幕上显示出飞机所处位置。另一个强大之处在于，他还能与任务人员建立战术链接。他可以联络通信管理人员保持来确定航道。机长也能联络战术指挥（TD），确保一条安全飞行航线，并能最有效地使用传感器。执行任务中遭遇地面威胁时，我们最理想的飞行是呈八字形。在英国，我们总呈圆环状飞行。旋转天线的固定腿保障了电子设备在飞机进行八字形或圆环状飞行时也能正常工作。”

近年来，E-3更多执行和地面单位配合的任务，比如近距离空中支援和打击时效性强的目标等。这些新增的任务使得飞机越来越需要穿越前线。飞行也要有更多的战术技巧，不像原来一样扮演着防区外雷达平台的角色。

拉德利继续道：“当战斗机按编队飞行时，我们处于阵眼位置。当战斗机朝目标推动，我们会和他们一起。根据目标的威胁性来决定我们怎么做。幸运的是，我们在伊朗和阿富汗没有遭到空中威胁。飞行时我们尽量避免出现飞行云。有段时间，飞机在2.8万英尺（8500米）高度飞行时就会出现飞行云，有时我们不得不放弃任务。这其实是一种综合考量任务收益与所受威胁的风险评判。”

目前，E-3D预警机还没有反导弹防御系统，如今在阿富汗这样的战场上最大的威胁是单人可携带式地对空导弹。这些导弹如果从山顶发射，它

下图：E-3D的特征包括翼尖的电子支援系统吊舱、巨大的CFM-56发动机和空中加油探头。

就可能达到E-3预警机的飞行高度。尽管英国皇家空军（RAF）的E-3预警机的机务人员想要一个防御性的电子系统，但目前没有做这个预算的钱。但是，北约（NATO）的飞机很快就会接受一个使用传感器和激光来探测和摧毁敌方导弹的大型飞机红外对抗系统。

挑战性

驾驶E-3预警机相比于英国皇家空军其他的大型飞机，拉德利说：

下图：美国空军装备33架E-3B和E-3C预警机，其中有一架于1995年在一次事故中在阿拉斯加损毁。

“驾驶E-3与开运输机略有不同，我们左右两个驾驶座的负责范围大致相同，也都能控制飞机飞行。唯一不同的是只有左侧的驾驶座能控制前轮的转向。驾驶这架飞机很有挑战性，因为它毕竟是过时的机型。E-3是英国皇家空军唯一具备两种空中加油系统（飞桁式和软管-浮锚式）的战机。当机长要面临一个很严峻的人员管理的挑战，但领导这么多的人飞行也是件很有趣的事情。”

林恩·约翰逊少校向我们描述了主机舱的样子：“在加油过程中坐在后面，特别是右侧的后面，你可以感觉到飞机从一边向另一边蜿蜒飞行。

你看不到驾驶舱内的飞行员你就无法意识到飞机到底在做什么，到底如何前后移动方向舵使飞机就位。我特别不愿意在夜晚加油，两个大飞机贴的很紧，你能看到外面是什么吗？”

英国皇家空军E－3预警机上的系统操作员都各有各的任务，这与其他空军的“望楼”预警机上的机务人员的工作也有所不同。武器控制员本·拉塞尔说，“我一个人干的活相当于美军飞机上两个人干的”。战术指挥伊恩·格林中队长说：“这些战斗机有它们自己的训练目标。平时看起来似乎是他们在控制我们。而真正执行任务时，形势就会逆转，我们对他们有绝对控制权。”

上图：E-3预警机的飞行特性与波音707客机十分相似，但由于天线罩的影响，E-3预警机在侧风环境下的降落要难上许多。

下图：E-3D预警机既能采用英军的软管-浮锚式空中加油，也可采用美军的伸缩桁杆式空中加油。

决策者

战术指挥弗林顿·汉密斯·蒙哥马利说："从字面上来看，战术指挥是一个行政职务。越是忙碌，越是不要干涉，这不是你可以通过死记硬背就可以做到的。这项工作把所有工作结果汇总在一起，向地勤人员和机长报告，确保工作顺利进行。如果在飞行时我要做出决策，我要考虑这个决策是要当机立断还是要经过深思熟虑。如果要经过深思熟虑，那最好不要太过武断地下定论。你在飞机上不要插手别人的工作，如果管得太多，就偏离了你工作的本质。你时刻关注的应该是整个任务，而不是某一个环节。

"我们和每个军种都搭档过——陆军、海军、特种部队等等，其中一部分也算是政治决策。战术指挥（TD）经常同地面司令部（HQ）的将军交流。他会告诉我们一些客观事实，但是有些事情他需要自己来衡量轻重缓急。有时候，武器或战斗机的控制员的地位要靠后一些。在一对一任务时，他会给每个人他们所需要的所有情报，但是在多对多时，他只是确保每个人知道自己所需的基本情报，就让他们继续进行下去。"

第23中队的武器控制员本·拉塞尔空军上尉讲述了他的工作："武器控制员是E-3预警机和所有其控制的战机的接触面。我们提供可识别空中图，并做出坐标点——'靶心'（一个商定好的参考点）。目标可以划分为三类——未知的、友好的或敌对的。如果你安排战斗机攻击一个可能是假目标的未知目标，你会暴露你们攻击编队的覆盖范围。你必须按照规

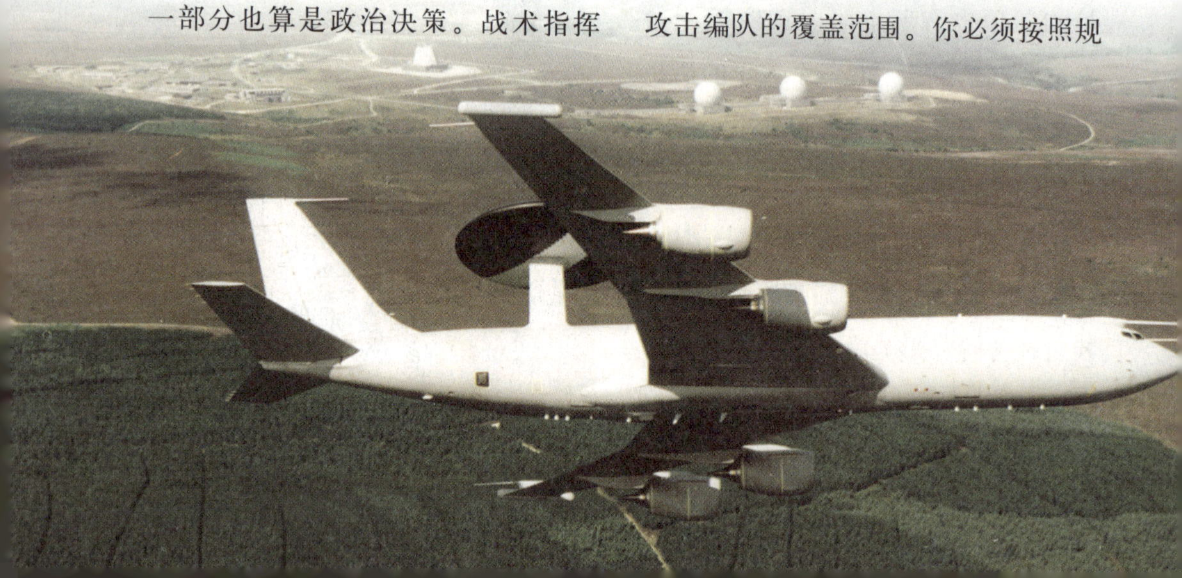

定根据任务指挥官的指示安排最好的作战方针。”

紧张的环境

战斗机控制员斯图·洛克中士补充道，“我们可以同时跟踪4～100个目标。”

本·拉塞尔继续道：“对于一个时效性很强的目标，我们可以从联合空中作战中心（CAOC）获得目标的简介，你可以据此选择作战方式、武器平台和武器。我们密切关注导弹范围和交战区域、所有的燃料和武器状况，以及交火情况。从开始检查第一架飞机到检查完最后一架飞机共需两到三个小时，你会心力交瘁。你根本不知道时间怎么就过去了。”

上图：APY-2雷达是新型E-3预警机的核心部件，它以每分钟六转的速度旋转。

下图：E-3预警机的雷达可以弥补陆基雷达覆盖范围的不足。3架E-3预警机的雷达就足以覆盖整个西欧。

[任务报告]

空中通信部门

在整个战斗的胜负都取决于你给友军提供的情报时，维持所有的先进通信器材和电子设备的正常运行可不能仅仅依赖地勤人员。

首席技师大卫·史密斯是E-3D预警机的三名机载任务人员中的一个。他们每个人都有不同的空中技术方面的专业技术——雷达技师、通讯技师和计算机与显示技师。后者与通信操作员共同负责屏幕显示和通信技术工作。

史密斯说，“他们之间没有交叉，每个人都要在E-3上在各自的领域中服役一个5年的标准期，尽管以后换岗位时可能要重新培训。”至于E-3预警机的通信设备，“这些无线电相对于今天而言显得很陈旧。在某些情况下，已经需要新的技术，换成其他的技术可以使其更好地运行。E-3D预警机编队配置的电子设备也都略有不同。你只需要记住你自己飞机上的就可以了，并不是很复杂。一个普遍的误解是我们会一直开着无线电设备，并携带了大量的备用零件。这里有相当多的冗余，也能够改变系统。这并不是从橱柜或盒子里拿进拿出东西。我在空中从来没有这样做过。”

“望楼”预警机执行任务前的最后一步是任务前矫正阶段（PMRP）。“技术

人员要对所有的系统进行查缺补漏。我们实际上是先登机并在飞机开始飞行之前做好准备。我们确认冷却系统能够启动和运行，然后接通所有系统的电源，包括主要的电脑和雷达，然后交接给任务人员。从那时起至任务前矫正阶段（PMRP），电脑和雷达技术员基本不做什么事，除非机器出现问题。通信技师的工作比较多，需要重新调整无线电设备和重新调配无线电系统。他还负责16个联合战术信息分配系统（JTIDS）的数据链接。通信操作员负

责其中的11个。”

上图：保持对战斗机的控制以及对战场进行持续性监控是E-3机务人员的一项重要工作。

舒适的环境

E-3“望楼”预警机的工作环境很宽敞，机务人员关系和睦。这可以让你飞得很舒服。这架飞机不会使你得航空病。

“雷达会产生庞大的电磁辐射。它可以放在地面上运行，但会产生大量的热，因此从散热角度讲它在地面上运行会受到很大的限制。最好在专门的环境中测试一下。

“无线电信号几乎覆盖了所有主要的频率波段和卫星通信。发射天线位于机身后端而接收器位于另一端，以避免交叉干扰（接收器接收到自己发射的信号）。”

“望楼”预警机与前任相比，史密斯总结道：“它并不仅仅只是个空中早期预警（AEW）的平台。就英国皇家空军（RAF）的发展而言，相比于老旧的‘沙克尔顿’飞机，它是一个质的飞跃。上帝保佑它。”

苏-27战斗机

自20世纪80年代末公开亮相以来，苏-27战斗机强大的操纵性能和它种类繁多的衍生机震惊了西方观察家，也包括那些经验丰富的飞行员。

下图：早期苏-27的座舱采用的是20世纪70年代的技术，用的是表盘式仪表，没有安装多功能显示器。

飞行员的评价

“驾驶它就是一场如梦似幻的飞行。”

维克拉姆·高尔
印度空军中校

航展中“侧卫”的外观、动力以及声效从未让公众以及航空军事评论家们失望。

苏–27的早期型号的气动性能已经通过附加的控制面得以增强，而最新的机型则安装了推力矢量发动机和现代化的武器和操作系统，它们中通过出口列装至许多国家，尤其是远东地区。

能够击败想象中的“改进型侧卫”已经成为西方战斗机制造商们的战机设计标准。西方的政客和国防部长们也会根据敌军或者潜在的敌对国列装或可能购置苏–27及其变型机的情况来判定己方是否需要购买或研发现代化战机。

苏–27在1989年的布尔歇的巴黎航展上首次商业亮相。该机不仅对于公众和媒体而言是陌生的，同时它的一些机动动作也是人们前所未见的。尤其是苏霍伊的试飞员维克多·普加乔夫完成的“普加乔夫眼镜蛇”机动动作。“眼镜蛇”动作是向后拉操纵杆加大迎角抬升机头直至越过垂直面，同时飞机保持高度不变继续朝前飞行，然后下压机头，恢复到水平状态。普加乔夫在低速冲场时完成了“眼镜蛇”动作。他说，最困难的是：“在低海拔高度完成整个动作，在此之前，我一直是在高海拔做这个动作。1989年4月28日，在科夫斯基机场当着总设计师和整个苏霍伊团队，我表演了‘眼镜蛇’动作。此前的两个月内，我都在积极地练习它。”

独一无二的机动性

英国“鹞”式战机的试飞员约翰·法利对苏–27战斗机在布尔歇的表现特别是它的水平转弯半径留下深刻印象。

“我永远不会忘记苏–27战斗机在巴黎的首次飞行展示。维克多·普加乔夫在十秒钟内把苏–27战斗机旋转360度，平均每秒旋转36度。那时我们只希望我们的下一代战斗机能在一秒内旋转25度。飞行员在这种速度下应该能够控制飞机的旋转并调整好武器系统准备发动攻击。我们可以想象，如果我们的新战斗机在战斗中遭遇苏–27战斗机，如果幸运的话，十秒之后，我们所能做的就是减速并着陆。”

对现代战斗机而言，进入尾冲和“眼镜蛇”这样的高难度机动动作并不难，难就难在飞机退出机动动作时仍不失控。这就部分归功于土星公司的AL-31F涡轮风扇喷气发动机，以及巨大而宽阔的进气道，能够保证压缩机在气流摄入量和方向短暂大幅改变时不会失速。大多数西方发动机都有攻角（AOA）的限制，他们只能维持很短的时间，但是苏-27战斗机家族似乎无视这些限制。

一些观察家质疑该能量消耗甚巨的机动动作的实效性，说这样一来便把“侧卫”战斗机留在一个易被击中的位置。另一些则说在它缠斗中机头指向对手的能力相当宝贵，即使只有片刻。从大范围考虑，一架向前飞行的飞机的突然停顿，足以打破机载多

上图：印度空军早期的苏-30MK战机，采用独特的蓝色涂装，只不过是翻新的苏-27UB教练机。印度空军只用它去执行夺取空中优势的任务。

下图：这架苏-37原型机安装有推力-矢量喷管，喷涂成砂棕相间涂装参加1995年的航展。

普勒脉冲雷达的锁定并躲避某些导弹。

推力矢量

早期的苏-27战斗机本质而言是20世纪70年代产物。从那时起，苏霍伊已经开始着手改进发动机技术、气动性能和飞行控制系统，以创造出机动性更强的“侧卫”。

“侧卫”是飞机发展史上的卓越成就也是目前为止最大最重的战斗机。

苏-30MKI战斗机和其他一些“超级侧卫”变型，其发动机的推力可以通过矢量喷管，可以控制飞机在60度的高攻角下飞行一段时间，并能在短时间内使攻角（AOA）高达180度然后安全恢复到正常飞行状态。

出口的苏-30机型在航电火控系统方面也有了长足进步。装备了头盔式瞄准器和全向雷达告警器，飞行员在理论上能够跟踪并应对来自任何方向的威胁。这也包括应付敌方导弹的威胁，如果想法可以实现的话，导弹可能被机载N-01M“雪豹”无源相控阵雷达跟踪，然后被R-77“阿姆拉姆斯基”（AMRAAMSKI）中程空空导弹拦截或者飞机利用矢量推力做出超机动动作在近距离将其躲避。理论上，“雪豹”雷达可以同时跟踪15个目标。除了机头处整流罩内的主体雷达外，“侧卫”的尾椎内也有一个小型的雷达，使之具备无与伦比的后方预警能力并大大提高其在缠斗中的态势感知力。

印度空军苏-30MKI战斗机中队队长P.拉尔评论推力矢量控置（TVC）的潜在价值时说道：“你永远不可能说自己已经掌握了推力矢量控制的一切。”他不同意推力矢量只是有利于飞行特技表演、实战用处不大的观点。他说道：“在聪明人的手中，它是一个很好的辅助设施。”

约翰·法利总结了苏霍伊的“侧卫”战斗机展现出来的超机动性的优势，至少是在某些特定的情况下的优势：“如果你想赢下你所遭遇的每一场缠斗，你就需要具备超强的灵活性、良好的气动布局，以及矢量移动的能力——如此，敌人便很难预料到你的下一步动作并据此制定战术——

[任务报告]

苏-30MKI战斗机的控制系统

右图：一架苏-30战斗机在急转弯时，鸭翼处出产生了音爆云。

不同于“鹞”式战机有独立的喷嘴操纵杆，苏-30MKI战斗机仍采用传统操纵控制系统。飞行员将控制按钮拨至右侧，这样便完全开启四裕度电传操纵飞行控制系统，同时也能进行推力矢量控制。飞行控制系统（FCS）的计算机来控制气动面（襟副翼、尾翼、鸭翼）的结合和角度，以及完成飞行员所要求的机动动作所需要的矢量喷嘴偏转角度。不需要人工输入指令来控制鸭翼和矢量喷嘴的移动。和台风一样，苏-30MKI战斗机有一个令人难以置信的爬升率。苏-30MKI的机翼、鸭翼和大尾翼使之不用借助推力矢量喷嘴就能获得良好的爬升能力和操控性能。这三个翼面的配置有时被称为“三翼面”布局。

20世纪90年代，苏霍伊的试飞员耶夫根尼·弗洛罗夫在“侧卫”战斗机的表演剧目中增加了一些新的机动动作，驾驶第一架配备了推力矢量控制的苏-37表演机在范保罗航展和其他航展上表演。弗洛罗夫说，“眼镜蛇”动作很容易做。你只需要按动按钮并拉回操纵杆。电传操纵系统是很敏感的。他的新招数是“筋斗”。这个动作开始部分很像“眼镜蛇”，但它不是让机头超过垂直面几秒钟就超前下降，而是在高度几乎不变的情况下机头继续向后旋转，完成一个完美的筋斗。虽然单座的苏-37战斗机没有打开出口市场，但是直接促进了双座鸭式布局的苏-35战斗机和销往印度的苏-30MKI以及列装中国和马来西亚的相似机型的发展。

下图：苏-30MKI战机停靠时，推力矢量喷管稍向下垂。它们可以同时在水平轴向上旋转，或者同时在垂直轴向上扭转到合适的位置。

上图：这架苏-30MKI战机尾翼上特殊的75字样的标记是为了纪念印度空军成立75周年。

这样你就不会成为先倒下的一方。

“在这种情况下，一架由经验丰富的老飞行员驾驶的‘鹞’式战机或苏-27/苏-30带推力矢量的变型机很难被击落，反而会击落敌方。”

超视距（BVR）和偷袭

当然，在强大的雷达和种类齐全的导弹支持下，“侧卫”战斗机的超视距作战能力也不容小觑。泄露的美国空军分类模拟对抗结果显示，F-15战机面对苏-30战机，一名训练有素且精明能干的“侧卫”飞行员能够合理利用它的推力矢量和F-15机载雷达的不足之处占据有利位置发射两枚导弹并在F-15的飞行员做出反应前脱离战场。

“侧卫”战斗机与F-22这样重量级的对手或者次一点的“台风”相比，不足之处在于隐身性能，“侧卫”的雷达反射面积很大。这增加了飞机的被侦测范围，使得“侧卫”的对手能在被“侧卫”发现之前将其截获，锁定目标并发射导弹。

对“侧卫”所做的一些细微的改良，如改造通风口并在某些部位使用雷达吸收材料等有助于缩小它的雷达反射面积，这方面较为突出的是中国制造的双座歼-11B战斗机。据称，有一架苏-27战机被俄罗斯改装为“等离子体隐形机”试验机，装备了电离气体发生器，但此消息目前尚未得到证实。

目前出口的“侧卫”战斗机在很多方面不同于苏-27战斗机的基本型，尤其是最为先进的出口型多用途双座苏-30战斗机。单座的苏-27截击机与双座苏-27UB教练机是由不同的制造商生产的。20世纪90年代间，俄罗斯空军并没有购置新型战斗机，因此印度空军成为世界上第一个在非垂直

上图：一架标准的苏-27战斗机准备降落时，打开机背上巨大的减速板。图中也可以看到它的全跨度前缘襟翼。

起降战斗机上引入推力矢量控制的部队。

印度的苏-30MKI战斗机和马来西亚的苏-30MKM战斗机上安装的AL-31FP推力矢量发动机可以使飞机进行矢量机动。发动机喷管可以做上下15°的专项调整。飞机飞行时，矢量喷管一个向上一个向下，可以使飞机呈“螺旋形前进”，这是传统的对手无法比拟的。

代差

就整个“侧卫”家族而言，苏-30MKI战斗机相比于那些很大程度上依赖20世纪80年代苏联的技术和传统表盘仪器的俄罗斯和大多数出口国所使用的苏-27战斗机已经有了代差。

拉尔中队长说，“我们有多功能显示器，拥有一个玻璃化座舱。那些传统的仪器只是备用。”至于MKI战斗机和印度空军最早的“侧卫”机型的对抗，他补充说：“苏-30MK战斗机安装的是普通发动机。推力矢量喷嘴只是MKI型号其中一个优势。最大不同在于我们对机载设备的信心。二者的电子设备有很大不同，与苏-30MK战斗机相比，MKI要先进得多，堪称一件真正的艺术品。”

有人说，对飞行员而言，从驾驶米格-29战斗机过渡到苏-30战斗机比从驾驶苏-30战斗机过渡到MKI型号战斗机要容易一些，因为MKI在技术上有一个飞跃。拉尔说，“我们不必去俄罗斯学习操纵这架飞机。苏-30MKI

[任务报告]

“侧卫”战斗机的使用者

苏霍伊“侧卫”战斗机的使用者

苏联/俄罗斯的空军：约有680架苏-27战斗机，400来架升级型。

独联体其他成员国：白俄罗斯25架；乌克兰65架；哈萨克斯坦42架；乌兹别克斯坦25架。

安哥拉：8架苏-27战斗机。

埃塞俄比亚：10架苏-27战斗机。

印度：俄罗斯提供了8架苏-30K战斗机，10架苏-30MK战斗机和50架苏-30MKI战斗机，同时印度航空公司已经获得生产许可制造150架。

印度尼西亚：2架苏-27SK战斗机和2架苏-30MK战斗机，也有更多的订单。

马来西亚：18架装有推力矢量控制的苏-30MKM战斗机的订单。

美国：为了进行评估，相信至少要操纵2架苏-27战斗机。

委内瑞拉：24架苏-30MKV2战斗机。

越南：12架苏-27SK战斗机和超过24架的订单。

下图：中国需要大量的“侧卫”战机，且已经获得生产许可。图中这架双座战机即为中国人民解放军空军的J-11B教练机。

上图：苏-33舰载机为俄罗斯仅存的航母“库兹涅佐夫”航母编队提供了空中防御。图中一架苏-33舰载机准备降落到航母甲板上。

战斗机有很多部件是来自其他国家。许多航空电子设备并不是用俄语，而是通用英语。”

MKI型号战斗机中的非俄制装备包括一些法国泰立斯航空电子组件，主要是两个驾驶舱的六色液晶多功能显示器和全息平视显示器，以及整合了印度设计的敌我识别应答器的雷达与武器控制系统，还有印制任务电脑、显示处理器和雷达预警接收器。其他很多装备则来自以色列，包括埃尔塔8222干扰吊舱，以及拉斐尔公司的“利坦宁”吊舱。

谈到MKI战机的气动性能和系统，另一名印度飞行员，皇家空军中校维克拉姆·葛尔说：“这就是梦一般的飞翔。”葛尔曾经驾驶过米格-21战斗机和幻影2000，说道，“这架飞机融合了米格和幻影的所有优点。”他补充说，“我很难在米格和幻影之间做出抉择，就好比你很难在自己的孩子中选个高下。驾驶米格-21战斗机需要很多飞行技巧，幻影2000要求熟练使用系统操作。苏-30MKI战斗机则兼而有之。”

双座战斗机

印空军十分看重他们的首支双座战斗机编队的训练，准备引入英国皇家空军和美国空军的飞行员和武器系

上图："侧卫"如今最主要的武器是R-77中距空对空导弹，它是俄罗斯针对AIM-120开发出来的导弹，但二者之间有着显著的不同。

统操作员的西式操作理念。

拉尔说："苏-30战斗机的机组人员通常是两名飞行员或一名飞行员和一名武器系统操作员。这与'狂风'战斗机上基本相同。当然，印空军装备双座多用途战机经验很少，所以和'狂风'还是略有差异。目前，印度空军（IAF）把它刚加入中队的新飞行员安排在后座上负责雷达运转和完成袭击任务。在后座上工作一年后才能将其调整为前座的飞行员。

"英国皇家空军的武器系统操作员（WSO）培养计划已经实施了很长一段时间，而我们还只是刚刚建立。它需要数年时间的积累才能达到与英国皇家空军相同的水平。我们有一些飞行员此前完全没有战斗机飞行经验，接触的第一架战斗机就是MKI。其余的飞行员则是来自不同的飞行编队——简直就是美洲虎、米格-29和幻影2000飞行员的组合。每个飞行编队内都有人员被抽调过来。”

印度的飞行员都训练有素，并有足够的飞行时间，而近年来大多数的俄罗斯和独联体（CIS）的飞行员则没有这般待遇。F-15战斗机和苏-27/30战斗机之间模拟缠斗的结果一半要取决于飞行员的素质和技艺，另一半才是武器装备的对抗。

苏-27对飞行员的工作量要求更高，使之能够在几秒内准备好系统，这在空战中就是生与死之间的差别。另一方面，最新的“侧卫”战机上的推力矢量控制（TVC）、头盔瞄准器、红外探测器以及机尾雷达等设备都令大多数西方战斗机如F-16、F/A-18和幻影2000的飞行员羡慕。

“改良侧卫”的日益增多已经给出了列装F-22战斗机客观上的理由，使之罔顾F-22昂贵的价格，而力求在各方面都能压倒最新的苏-30变型。

下图：一架苏-27战机着陆后，利用机尾的双十字制动降落伞来减速。

米格-29“支点”战斗机

米格-29“支点”战斗机从20世纪80年代末的国际航展上露面以来给西方民用和军事观察家们留下了同样深刻的印象。不同于此前的特别依赖地面指挥的苏联高空高速战斗机，米格-29和苏霍伊的苏-27战斗机设计都突出了机动性，同时给飞行员提供了足够多的信息使之能够在战斗中自己做出决定。

这张米格-29正面特写清晰地显示出“支点”的一个特点：飞机在地面上时，进气道的百叶窗会关闭，以免吸入跑道地面上的杂物损害发动机。

飞行员的评价

“近距离对抗F–16，我认为我们有优势。”

彼得·巴卡
斯洛伐克空军米格–29AS飞行员

尽管如此，经验丰富的试飞员也在进行飞行特技表演时展示了急转弯、尾冲，以及“眼镜蛇”这样的机动动作，对普通的战斗中队在实际空战中对该新型战机的运用做出一定启示。

柏林墙的倒塌使得北约空军拥有了米格-29战斗机，最初装备在联邦德国的空军。北大西洋公约组织很快地扩大，纳入不少“支点”战斗机的客户，包括捷克共和国、斯洛伐克、匈牙利和波兰，因此，西方很快就掌握了“支点”战斗机早期机型（后来被称为米格-29AS战斗机）的秘密。

随着时间的流逝，西方飞行员现在已经熟悉它的优势和弱点。在前南斯拉夫和伊拉克战场上遭遇它时，每每都能胜出，这多少降低了它的声名。

实战记录中，米格-29战斗机胜利的次数不多，但是最近它的战绩上多了一架格鲁吉亚无人驾驶飞机。20世纪90年代，一件臭名昭著的事情就是古巴空军的米格-29击落一架手无寸铁的轻型民用飞机。

驾驶舱

米格-29A战斗机的驾驶舱配备的是指针式仪表和单一的阴极射线管（CRT）显示器，至少落后于同时代西方战斗机半代，米格-29也做了不少创新来扭转这种不利的形势。头盔瞄准具在西方战机广泛采用以前一直是米格-29的一大特色。事实上，美国空军和海军直到2003年才引入与之相当

左图：米格-29A战机的驾驶舱内还采用传统的表盘式仪表，飞机上的各个系统都用着单独的指示灯，按照如今的标准来看，这样的驾驶舱相当过时。

的系统。米格战机的头盔瞄准具使飞行员可以发射导弹命中飞机机头任意一侧的45度角范围内的目标，使之在近距离空战中拥有一个明显的优势。

以现代的标准来看，早期米格-29机型的驾驶舱相当原始，相比于西方同代战机F-16和F/A-18A，米格-29A的座舱设计更加类似米格-21和米格-23。米格-29A的仪表操纵板上仅安装一个小型的单色显示屏，而不是像F-16A和F/A-18A战斗机那样配备一个多功能显示器。手不离杆操作系统也只具备一些基本性能，比西方同代战机简陋得多。

在米格-29系列战斗机的设计过程中，驾驶舱经过多次升级，并对系统进行改造达到现代的标准，某些型号也能兼容至北约的武器体系。在米格-29M战斗机中，手不离杆操作系统已经完善，并安装了两个黑白阴极射线管显示器。1985年以前就开展了一些米格-29S计划，旨在改进雷达和航空电子设备。米格-29SD战斗机可以看作是马来西亚米格-29Ns的基本版，驾驶舱内加装一个液晶显示屏。

很久之后问世的米格-29SMT战斗机上引入两款纯平15厘米×20厘米（6英寸×8英寸）彩色液晶显示屏替换原来的两个黑白阴极射线管显示器，同时也增加了一对阴极射线管显示器。手不离杆操作系统得到进一步

下图：双座米格-29UB“支点—B”教练机虽然没有雷达，但是配备的红外搜索跟踪系统和R-73（AA-11“射手”）空对空导弹使之仍具备近距离空战能力。

改进，并安装了一种先进的导航系统。

尽管不论何时单座“支点”战斗机的后视能力都落后于同代西方战机，但是相比于它的苏制飞机前辈，它在前方、后方和侧方的能见度都有很大的提高。双座型教练机座舱更低矮，因此后座的指导员需要借助潜望镜来获得前方视野。当然潜望镜一般是在飞机起降的过程中才派上用场。

一位荷兰的F-16战斗机的飞行员在与匈牙利的空军中队交换中有幸驾驶了米格-29，他对米格的旋转率大加赞赏，说其可与F-16战斗机相媲美，但他批评了米格的驾驶舱布局，说它的开关位置很不舒服，并且“3-9”线（意指飞行员肩线）以下的视野很小。米格战机的载油量很少，缠斗超过5分钟就将耗尽所有燃料。但他警告说，如果你和米格-29一起飞行时还飞的又低又慢的话，“它就会踢你的屁股！”

制造商的观点

俄罗斯飞机公司米格副总指挥弗拉基米尔·巴尔克维斯科是老米高扬·格列维奇设计局的继任者，在2008年的法恩伯勒的航展上描述了米格-29战斗机的优势：“米格-29战机的基本型可以看作是一名战士。我们的实验表明，这架飞机的寿命有40年也能进行4000小时的飞行。我们分析了北非战场上该机的战斗损伤，我们可以说，米格-29战斗机能够应对非常严重的战斗损伤。

“前华沙公约组织的国家丢弃了很多种前苏联的武器，却没有丢弃米格-29战斗机。他们正对其进行升级，并决定使之服役直到2015年到2020年。”

米格-29SMT战斗机是第一个带有电传操纵控制系统的量产型号，此前所有的机型都使用传统的操作系统。2008年，米格的竞争对手——苏霍伊的总经理米哈伊尔·波戈相在伦敦进行一番发言，他在描述苏-27战斗机（一开始就使用了电传操纵控制系统）的新特点后，讽刺了米格战机此番改进可能对自己产生的威胁。他告诉一名来自英国皇家航空学会的观众：“与此同时，别的著名的苏联战斗机的设计局

[任务报告]

独特之处

米格-29所有机型的基本气动布局本质上都是相同的，变化最大的是加装鸭翼的米格-35和装了推力矢量发动机的米格-29OVT，但迄今都还没有开始服役。米格-29采用翼身融合技术创造了一个整体机翼形状，使其具备相当大的升力，特别是在高攻角的情况下。

正常情况下，米格-29A战斗机的推力重量比比正常的飞机的要大，能获得高飞行速度、高加速度和高旋转率。机翼有前缘襟翼、后缘襟翼和副翼。它的双尾垂和大的副平尾翼表面都有小型嵌入式方向舵，有助于飞机的俯仰和滚转控制。

“支点”战斗机的一个独特之处是其通风防范系统。飞机着陆时，进气门可以几乎完全关闭，防止地面异物被吸入它那“低矮”的进气道。发动机从进气道上方的活动天窗吸入空气。不同飞行状态下该系统有一个很明显的过度。克里莫夫RD-33涡扇发动机的可变坡道和可变风扇叶片被安置在前端的双级高速旋转的压缩机上以优化大多飞行和攻击状态下的发动机性能。

与最近所有的俄罗斯战斗机和攻击机一样的是，米格-29战斗机配备了K-36弹射系统，它具备零高度弹射能力。该系统在低空低速状态下的逃生能力得到充分证实，因为在不同的国际航空展上已经有所展示。

下图：米格-29KUB的机翼和尾翼可折叠，并且装有拦阻钩，设计初衷是成为舰载机，但外观上看起来却像是路基飞机。米格-29KUB的主要任务是训练飞行员，但它同样有着和单座米格-29K战斗机接近的作战能力。

上图：米格-29M2是完全战斗型的双座米格战机，作为一种多用途战斗机出售。

（指的是米格设计局）决定在同时期的战斗机中继续使用液压控制系统，因为他们觉得使用电传操纵控制系统在工程方面的风险很大。”

其他人则说，米格-29使用传统的液压控制系统就能达到如此高的机动水平，堪称一个巨大的成就，尤其是还能对抗使用电传操纵控制的F-16战斗机。

“支点”的战斗表现

在1991年的海湾战争中，伊拉克装备的少量米格-29战斗机被认为是萨达姆·侯赛因的大量空军部队的杀手锏。但在1月和2月，“沙漠风暴”行动的实战证明米格-29战斗机无法对抗美国空军的F-15C鹰式战斗机。F-15使用AIM-7“麻雀”空对空导弹摧毁了米格-29战斗机6架中的5架，其中一架则是兵不血刃地拿下。在为数不多的机动战斗中，塞萨尔·罗德里格斯空军上尉驾驶的F-15战机在海拔2500米（8000英尺）的地方近距离遭遇一架伊拉克的米格-29战斗机。

罗德里格斯说，“我必须对它进行一次视觉识别。它开始单圈型飞行。在这种情况下是很正常的，两架飞机盘旋下降至100米（330英尺）的高度，那时米格战机的飞行员犯了一个致命的错误，他翻滚飞机并作出半S型机动动作企图逃离。但他没有成功，而是直接坠毁到地面上。”

在1999年的科索沃战争中，当时的塞尔维亚和黑山空军面对北约空军力量的猛攻只能象征性地招架几下。在轰炸行动中，塞尔维亚的战斗机可能仅出击了11架次。塞尔维亚空军使用了诱饵机场，其中摆放有米格－29的欺敌假机，使得北约部队觉得他们拥有很多的战斗机，还将炸弹浪费在木质赝品上。在交战中，米格－29的武器、雷达预警和导航系统完全无用。战争首夜起飞的5架米格－29中3架被击落。其中1架被荷兰空军的F－16击落，1架严重受损，1架则成为塞萨尔·罗德里格斯空军上尉机下的牺牲品，他也是为数不多的在两次独立的战争中都能击落敌军喷气式战机的飞行员之一。米格－29战斗机的弹射系统运行良好，每一架被击落的米格－29的飞行员都能够凭借他的K－36弹射座椅死里逃生。

两天后，一名米格－29飞行员的好运走到了尽头，当时他的座驾被F－15战斗机的AIM－120中程空对空导弹击中，但是他没能弹出舱门。在战争结束前，有超过两名的米格－29和其他战机的飞行员在空战中失踪。另外有4架

下图：西方空军有大量的机会与新加入北约的成员国的米格－29战机一同训练。图中一架伊利诺伊州国民警卫队的F－16战机2005年在波兰参加演习期间与波兰空军的米格－29A战斗机编队飞行。

米格-29在地上被炸毁，同时还有1架在试飞时意外坠毁。

2008年，俄罗斯飞机公司米格设计局宣称，他们已经完成恢复塞尔维亚仅存的5架米格-29战机的战斗力计划的第一阶段工作。

非洲的“支点”战斗机

1999—2000年间，埃塞俄比亚与厄立特里亚爆发冲突，此役是米格-29在空战中应用最广泛的一战。双方都

左图：波兰接收了捷克共和国和德国退役的“支点”，补充了本国的米格-29战斗机。

下图：印度购进米格-29K作为前苏联“戈尔什科夫海军上将”号航母的舰载机，目前该航母已更名为“维克拉马蒂亚”号。

配备了来自俄罗斯和乌克兰的武器装备。1998年年底，厄立特里亚从俄罗斯购买了米格-29A和米格-29UB战机。在1999年2月25日首次遭遇埃塞俄比亚的苏-27战斗机，在交战中，双方多次互射导弹，唯一阵殒的是一架由厄立特里亚空军队长驾驶的米格-29战斗机，飞行员也已遇害。第二天，又一架米格-29战斗机败给了一架苏-27战斗机，据一些报道称这架飞机是由一名女飞行员驾驶。不久之后，有两架或者更多的米格-29战斗机可能在战斗中损失，但是厄立特里亚“支点”战斗机的飞行员声称在这个时期曾击落两架埃塞俄比亚的米格-21和米格-23战斗机。面对强大得多的苏-27战斗机，厄立特里亚人就没有这样的运气了，1999年3月厄方损失两架米格-29战斗机，在2000年5月又损失了两架，这大部分是被苏-27的R-27R导弹击落。而厄军的米格-29也击落了埃塞俄比亚两架米格-21战斗机，其中有一架是被航炮击落的。

备受非议的击落

尽管许多战斗中的损失和胜利的全部细节可能永远不为人知，但是米格-29的一次击落却被广泛地记载下来，因为它击落的是一架手无寸铁的民用飞机。1996年2月，一个名为“救

下图：米格-29战机曾于1988—2004年在东德空军和德国空军服役。图中一架德军米格-29战机在2003年造访美国期间，在佛罗里达州的导弹靶场内发射一枚AA-10“白杨”雷达制导空对空导弹。

[任务报告]

支点战斗机的升级

米格-29是一架坚实可靠的现代化战斗机，也是许多负担不起新型战斗机国家的最好选择。其中一个升级它的米格战机以延长使用寿命的国家是斯洛伐克，目前该国列装12架米格-29。升级方案包括加强机身结构和对电子战系统进行升级，并加装北约的通信和敌我识别设备，由俄罗斯飞机公司米格设计局执行，他们说这将会延长飞机的使用寿命至40年或1万小时的飞行时间。单座米格-29AS和双座米格-29US的改良工作已于2008年2月完工。改良的主要目的是使斯洛伐克的米格战机与北约的标准和西方空中交通管制系统和程序相匹配。

此次改良最明显的外部变化是用F-16ADF战机“鸟片”替换了挡风玻璃外的传统的俄制“奇棒”敌我识别系统天线。另外还在机脊上安装一个大型天线。驾驶舱内的设备已由原来的公制测量改为英制测量以与北约的标准保持一致。在抬头显示器的正右方安装了一个新的多功能显示器。大多数的设备仍采用传统的刻度盘式。

斯洛伐克空军的飞行员彼得·巴卡说，米格-29战斗机的固有优点在于它的高推重比和良好的气动外形。随着飞机的升级，变得更容易操作，同时飞行员有更多的时间专注于空中格斗。“你有更多的时间去思考和跟踪目标。”如果有需要的话，现在北约和民用航空电子设备的兼容允许他们飞到欧洲或者甚至美国的任何地方。“现在我们可以飞遍整个世界。”

航班信息可以从中队办公室的台式电脑上下载下来，然后用一个类似的方法输入到飞机内。巴卡说，“我刚刚使用一个普通的通用串行总线（USB）接口加载了坐标。这是一个俄罗斯的产品，但使用的是Windows 2000或Windows XP操作系统。”

新的抬头显示器（HUD）和改进的自动导航装置系统使米格-29SD在恶劣的天气下能飞行得更平稳，战斗潜力也有所提高。巴卡说，“在近距离对抗F-16战斗机时，我认为我们有优势。”

左图：俄罗斯米格飞机公司对波兰、保加利亚和斯洛伐克的米格-29战机进行升级，装备一些新式的西方和俄制的航电设备。图中一架斯洛伐克空军的米格-29AS战斗机，正在展示它全新的涂装和座舱后新加装的天线。

援兄弟会”组织的两架塞斯纳337双引擎轻型飞机，从佛罗里达起飞飞临古巴的领空。他们的任务是投放救生筏和补给品，试图让古巴人通过海路到达美国。塞斯纳337此行早已惹恼了菲德尔·卡斯特罗政府，他们认为这是美国干涉他们。两架古巴空军的战斗机——米格-29和米格-31升空进行拦截，并用R-60导弹击落了他们，四名乘客全部罹难。

2008年，一架俄罗斯的米格-29战斗机发射一枚R-70导弹在阿布哈兹地区击落一架格鲁吉亚无人机。俄罗斯声称，当时他们在空中没有战斗机，同时阿布哈兹的L-39“信天翁”教练机应该为此事负责。然而，“赫尔墨斯”450无人机的摄像装置记录了它被击落前的遭遇，视频清晰地显示是一架双尾垂的米格-29战斗机发射了致命的导弹。

综上所述，“支点”战机的战斗记录说明，米格-29战斗机可能是许多国家能承受起的最好装备，但是它在缺乏训练和管理不善的飞行员手中，特别是当对抗配备有机载空中警报控制系统（AWACS）和干扰系统的敌人时，会显得不堪一击。

下图：俄罗斯空军“雨燕”飞行表演队使用米格-29AS和米格-29UB战机，图中一架完成飞行表演准备降落的米格-29UB战机。机舱上方的潜望镜由后座的教练员使用，可以获得驾驶舱上方的视野。

幻影2000战斗机

幻影2000的三角翼结构和杰出性能证实它的达索血统，但较之前辈，它要先进得多。幻影2000采用电传操纵飞行控制系统，在其更新的型号中，则升级为配置了多功能显示屏和手不离杆操作系统的现代化座舱。

飞行员的评价

“幻影2000有点像是缩小版的‘狂风’战斗机……它的载弹量要小于后者，但机动性要强得多。”

“古斯”，法国空军前EC 2/3“香槟中队”幻影2000飞行员

双座型的幻影2000-5战机的后座飞行员视野很小，但他可以通过抬头显示器转播器看到前方的景象。

Mirage 2000-5 Mk2

上图：幻影2000-5F制空型依旧是法国空军最重要的一款拦截机。图中这架幻影2000-5F携带了4枚“米卡”EM雷达制导导弹。

与其前辈一样，幻影2000在出口上大获成功，并成为法国空军的中坚力量，也有8个国家列装了它不同型号的变型。

事实证明，幻影2000也是一架多功能战机，人们不断对其改装以适应不同的作战需要。法国空军装备的五种不同机型负责三方面任务：防空、打击和低空精确打击。

一位经验丰富的“德赛夫·米勒”飞行员——“古斯”于1992年加入法国空军，曾驾驶阿尔法喷气式教练机，后成为一名战斗机飞行员。他技艺高超，在同期学员中一直名列前茅，对于自己的座驾，他需要在第一代的空战型幻影2000C和传统的攻击机幻影2000D、美洲虎间做出选择。他选择了一架不是很难上手的战机：

“在法国，美洲虎战机从来就不是很受欢迎。当时它已经服役有20个年头了，各方面都不是很现代。我想要的是一架能够精确导航的攻击机。我选择幻影2000D战斗机是因为我想成为一名攻击手，简而言之，我想执行的是空袭任务。”

“古斯”对幻影2000的最初印象是其驾驶舱相对狭小并且飞机性能优良，他解释道，“驾驶舱实在太小了，非常小。飞机设计时对速度要求很高，因此驾驶舱非常狭窄，也非常小。因此，基本上你没有空间来活动腿，而且转身也相当不容易。”

作为一架久经沙场的全天候战斗

机，幻影2000D也是相对“轻量级”的选手，它的最大起飞重量只有16.5吨（3.64万磅）；与它作用相似的美国的F-15E，最大的起飞重量超过36吨（8万磅）。幻影2000系列的设计初衷是一架高速轻型拦截机，它保持了很高的灵活性和让人印象深刻的推重比。“古斯”回忆他的第一次驾驶幻影2000飞行道：

“当你滑跃时，与F-16相比，它的推力没那么大，但由于它重量较轻，这样推力仍然绰绰有余。当你在滑行时仍需要制动，因为飞机在任何时候都有加速度，这样的起飞会很有趣！起飞固然令人印象深刻，但是让人印象至深的是爬升率。

“基本上，一旦幻影2000战斗机以大约400节（740千米/小时）或0.85马赫的速度飞行，对它而言就像是在爬一样。而且它的爬升速度很快。”

三角翼是幻影2000的一个特征，飞行员需要去适应它。幻影2000的设计理念诞生于20世纪70年代中期，达索航空公司回归“经典”三角翼有悖于同时代的战斗机设计趋势。而时至今日，这种设计已不再显得另类。

据“古斯”言，幻影2000的气动布局意味着它“喜欢在超过500节（930千米/小时）或0.9马赫的高速区……在这样的高速下，它无往不利；在战斗中它的另一个优势在于它有很高的翼载荷。但是问题是你很难拉动三角翼。转角率很大，但是阻力也会大幅增加，因此动力很快便会消耗殆尽。理想状态是，尽量在不过多消耗动力的情况下做出最具攻击性的旋转，以便继续战斗……在第一次旋转之后，如果消耗太多的能量，最好的办法就是卸载——使飞机的过载到0，尽可能地减少阻力；然后再拉起过

右图：吉尔吉斯斯坦，一名法国空军EC 2/3“香槟中队”的幻影2000飞行员正爬出他的座驾，有6架幻影2000战机经常会驻扎在这里，随时为阿富汗的“持久自由行动”提供支援。

上图：一名希腊空军的幻影2000飞行员和机械师一道做飞行训练的准备工作。希腊空军的许多幻影2000战斗机都能携带“飞鱼”导弹。

载，使用加力继续战斗。”

虽然粗略看来与达索此前的三角翼（指幻影III）很相似，但幻影2000综合使用了先进的电传操纵飞行控制系统和无尾布局以提高其机动性。事实上，幻影2000战斗机是第一种综合使用无尾布局和成熟的电传操纵飞行控制技术的战斗机。古斯觉得电传飞控非常好用：“你可以尽可能多地尝试飞机的超应力……你总能将其恢复。”

驾驶舱的变化

尽管电传操纵飞行控制系统在整个幻影2000家族都是很常见的，但是最初生产的幻影2000C空中防御机型以及幻影2000B双座派生型号配备的却是20世纪70年代欠成熟的驾驶舱，“古斯”指出：

“幻影2000C战斗机和幻影2000B战斗机的驾驶舱并不是很现代，它相当的过时。幻影2000D的驾驶舱则现代化得多。它于1993年开始服役，配备了数字化显示屏。舱室内还有手不离杆操作系统和导航设备。目前所使用的导航系统已经升级为全球定位系统。还配备了更为先进的电子战系统——包括干扰和预警系统，而且干扰系统也是为攻击任务设计的。”

飞机型号和作用的不同，飞机的武器装备也是有相当大的差异。最初的幻影2000C制空型主要是装备了超530F半主动雷达制导空对空导弹，而改进后的幻影2000-5战斗机增加了主动雷达制导“米卡”空对空导弹。双座幻影2000N战斗机的核心武器是“阿斯姆普”（ASMP）中程核导弹，而幻影2000D战斗机的机务人员则主要接受发射一系列精确制导常规武器的培训。作为法国空军第一线全天候攻击机，幻影2000D“能够携带几乎每一种激光制导炸弹——主要是500磅和2000磅（227千克和907千克）的炸弹，以及各种防区外武器。

“我们也有像‘法国风暴阴影’这样的巡航导弹——就是所谓的‘斯卡普’。还有专门的反跑道‘阿帕奇’导弹……你在它的射击范围内发射后，它便会冲向跑道，快到跑道上时会垂直发射出十枚子母弹并按已经安排好的顺序射向跑道。你无需飞得十分靠近跑道。‘斯卡普’的弹头更大，用来对付更为坚固的目标。”“古斯”讲到。

对于日益重要的近距离空中援助

下图：卡塔尔空军并没有使用第一代的幻影2000战斗机，而是直接于上世纪90年代中期直接装备了幻影2000-5战斗机。

[任务报告]

战斗中的幻影2000

幻影2000战斗机已经在它的三个使用国手中经历了战火的考验。它在战场上的首次亮相是在1991年的沙漠风暴行动期间，当时法国空军的幻影2000C战斗机被部署在沙特阿拉伯，它们在那里执行制空任务，但鲜有表现机会。

法国的幻影2000在对抗前南联盟的一系列行动中发挥了更为积极的作用，在20世纪90年代中期的波斯尼亚战争期间，幻影2000C和幻影2000N战斗机投放了常规炸弹。1995年8月，一架幻影2000N被便携式防空导弹击落，促使法军改进了该机型自我保护装备。在随后的一个月内，幻影2000D战斗机首次亮相，向世人展示了它的精密制导武器（PGM）发射能力。

1999年，法国的幻影2000C/D在“三叉戟”行动（法军支持盟军的行动）期间重返巴尔干半岛。在这次行动中，幻影2000D战斗机在PDL-CT瞄准吊舱的协助下，对科索沃实施了精确打击，而幻影2000C战斗机则负责防御空中巡逻以保障盟军攻击路线。除了投放传统的自由落体炸弹外，幻影200D战斗机还投放了大量的AS30L激光制导炸弹，超过100枚BGL激光制导炸弹，以及少量的美国提供的227千克（500磅）GBU-12激光制导炸弹。幻影2000C战斗机也奉命执行攻击任务，但受制于只能携带常规炸弹。

2002年初，幻影2000战斗机被部署在吉尔吉斯斯坦和塔吉克斯坦的军事基地，而在阿富汗，幻影2000战斗机也在以美国为首的反恐行动中发挥作用。幻影2000D

用自己的目标指示吊舱为其他法国战机进行激光指引，其中也包括空军的“阵风”战斗机。幻影2000D战斗机在“蟒蛇”行动期间（一次主要的反塔利班行动）表现非常抢眼。除使用PDL-CT的瞄准吊舱外，幻影2000D战斗机也能够使用自动跟踪激光照射系统（ATLIS）吊舱，这使得其白天执行任务期间能够收集到更高质量的电视图像。随着每次任务通常要进行四次空中加油，机务人员发现吊舱有助于战斗机与运油飞机之间的协调，吊舱的传感器使得幻影2000战机能在夜间或者能见度很低的条件下找到运油飞机。

幻影2000战斗机最著名的战例出现在1999年印巴卡吉尔战争期间，使用者是印度空军。除了投放常规炸弹外，印度空军使用其双座幻影战机投放了精确制导武器，将自动跟踪激光照射系统（ATLIS）吊舱与法国提供的1000千克（2205磅）BGL激光制导炸弹和本地改造的美制铺路IILGB激光制导炸弹配合使用。目标直指喜马拉雅山边境地区的巴基斯坦军事基地。

秘鲁在20世纪90年代中期对抗邻国厄瓜多尔的边界冲突中也使用幻影2000执行防空任务。不能使用超530空对空导弹（AAM）使他们的战斗力大打折扣。

左图：1999年印巴卡吉尔战争期间，与米格-29战斗机搭配使用的印度空军的幻影2000机群在战斗中表现得十分冷酷无情。幻影2000战斗机在当地有一个绰号“霹雳”，于1985年服役。

上图：这些“第一代”的幻影2000战斗机隶属阿联酋空军，从图中可以看到它们都携带了自动跟踪激光照射系统(ATLIS)吊舱，前舱挂架上挂载了“哈基姆”制导导弹。

任务，幻影2000D曾在阿富汗熟练地执行，机务人员携带227千克（500磅）MK82炸弹和GUB－12激光制导炸弹。然而，令有些飞行员感到沮丧的是，空间的限制意味着空对地攻击型号上无法安装幻影2000C战斗机的两个30毫米机枪。

毋庸置疑的是，不同变型的雷达也是不同的，RD系列空中拦截雷达可用于制空型战机，同时“羚羊”系列则是空对地作战机型的专属。

“古斯”声称，“幻影2000D型号战斗机的雷达不适用于空战”。“羚羊”雷达主要为幻影2000D型战机提供地形跟踪作用，保证飞机的低空突防能力。

“（安装在幻影2000N上的）雷达还是原来的，只不过在软件上做了升级。”“古斯”解释说。同时，相比幻影2000D，幻影2000N型号战斗机加大了驾驶舱的数字化程度，并引入一个嵌入式全球定位系统（GPS）以便准确导航。

[任务报告]

幻影2000N战斗机

法国在冷战期间长期保持独立的战略核威慑力量，拥有陆基中程弹道导弹、潜艇发射弹道导弹和各式各样的制导和自由落体的空投武器。最初幻影IV战斗机负责投放战略机载核武器，但1988年服役的幻影2000N却使得它的前辈（幻影IV）改去执行侦察任务。

双座的幻影2000N战斗机编队由法国空军司令部空中战略力量（CFAS）指挥，并被分为三支飞行中队——最先部署在吕克瑟伊的“多芬”中队，随后驻扎在该地的“拉斐特”中队，以及伊斯特尔的“利穆赞”中队。

尽管幻影2000N战斗机只能投放有限的常规武器，它的主要任务是投放“阿斯姆普”（ASMP）中程空对地导弹，可配置当量300千吨的核弹头。“阿斯姆普”导弹通常位于战斗机的中线位置，战机还将携带一到两枚红外制导“魔术2”空对空导弹用于自卫，以及一对2000升（440加仑）的副油箱进行补给。通过空中加油，幻影2000N战斗机的作战半径将进一步扩大，同时司令部空中战略力量（CFAS）还在伊斯特尔部署了波音C-135FR加油机。

幻影2000N战斗机设计利用“羚羊5”地形跟踪雷达低空突入敌军领空。综合利用它自动化控制的低空高速飞行方式和集成机载电子战系统来实现飞机的自保。集成机载电子战系统由位于后座的领航员/武器系统操作员控制，包括外翼挂架处的导弹发射探测器、干扰箔条和曳光弹投放器，负责对敌干扰并散播诱饵弹。利用“羚羊5”的空对地模式可以识别目标，同时“阿斯姆普”（ASMP）核导弹可以在目标周围100千米（62英里）范围内低空发射，从高空发射时，范围会扩大到300千米（186英里）。“阿斯姆普”（ASMP）核导弹的低空飞行速度可达2马赫，完全有能力撕破世界上最强大的防空网。

下图：这架幻影2000N战斗机中线挂架上挂载了一枚“阿斯姆普”中程空对地导弹，还携带了“魔术2”导弹和远程副油箱。该机隶属EC 1/4中队。

幻影2000D型号战斗机的雷达是专为在高威胁环境下工作设计的。“古斯”透露，“如果雷达被干扰，你可以切换到数据库，并继续使用雷达的地形跟踪模式。”

法国空军现役许多不同型号的幻影2000战机，同时早期和后期飞机型号的驾驶舱有很大的不同，因此飞行员在不同型号间的转换充满挑战。“古斯”回忆自己转换到驾驶幻影2000D的经历：

“问题是，我是在模拟器上学会驾驶这种飞机的，当我真正来到前线时，我需要做大量的工作来学习使用驾驶舱和切换技术。特别是侧方显示

下图：幻影2000-5战斗机的驾驶舱主要分布着5台显示器，包括3台全色多功能显示器、1台水平显示器和1台抬头显示器。

器，它们能给你很多信息。开始时让我最头疼的如何让自己不太专注于驾驶舱内显示，因为你还要留意周围情况。你必须学会再不过多观看舱内仪表的情况下操作控制系统，手不离杆操作系统（HOTAS）显然对此大有帮助。”

最新的法国空军制空型幻影2000-5拥有更为先进的驾驶舱界面。“古斯”解释说，“它有五个显示器：两个侧向的，另外的三个位于中部，呈上中下三层分布。它（幻影2000-5）可以携带‘米卡’导弹，同时雷达也是全新的。即使对它实施干扰，也很难影响它的工作，它可以不断地改变波长来抵抗干扰。幻影2000C型战斗机只具有发射半主动雷达制导导弹能力（FOX 1），而幻影2000-5则能够发射主动雷达制导导弹（FOX 3）。问题是，我国（法国）空军只部署了两支幻影2000-5中队。”

上图：在亚得里亚海的军事行动中，一架正在接受美国空军KC-135R空中加油机加油的幻影2000D战斗机翼尖和进气道侧拖出4道飞行云，该机正飞往巴尔干地区。值得注意的是该机翼下挂架上挂载的“魔术2”导弹和左舷机翼根部携带的PDL热影像暨激光标定吊舱。

机务人员的责任

双座幻影2000D战斗机的前座飞行

员能够进行完整的飞行和任务控制，其中还包括一套拷贝的导航控制。据“古斯”言，“如果领航员无法工作，你仍可以自己驾驶飞机飞行并发射武器。这样虽增加了你的工作负担，但你也必须要学会它。”

同时，驾驶舱的后座领航员拥有一个基本的控制器，这样他或她就能在紧急情况下控制飞机。然而，这个拷贝控制器只是为了提供一项安全备份，领航员通常不会驾驶飞机。“古斯”解释说，“通常情况下，领航员负责激光、电子战系统和导航系统的工作，但是你在前面的驾驶舱也能够操作这些设备。这与‘阵风’战斗机的设计理念是一样的。”

幻影2000N和幻影2000D战斗机为了自卫都安装了“魔术2”热导空对空导弹（AAM），而现役的幻影2000D很快将加装先进的“米卡”热导导弹。然而，在战时，机务人员主要依靠他们低空的飞行剖面使出浑身解数来接近目标并完成任务。

“古斯”说，“作为一架攻击机，我要说，我们最好的防御武器就是我们的低空飞行速度。在红旗军演上，我发现最先被敌方命中的往往是那些飞的最慢的飞机，比如A-10攻击机和‘狂风’战斗机，它们无法加速到它们真正想要的速度。在幻影战机上你能够真正地将飞机加速到很高的空速，同时凭借着飞机的三角翼，即使在600节（1100千米/小时）或0.9马赫的飞行速度下它的机动性也还是很棒的。飞机上有自动限制装置，因此即使你全力推动油门也不会使飞机出现过应力现象，这点非常棒。你什么都不需要考虑，只需要用力推动油门就可以了。”

那么如果幻影2000D战斗机遭遇了敌方的战斗机，该怎么办？“古斯”说道：“我们训练了一点缠斗技巧：一对一战斗和二对一战斗，它只是一种飞行员的基本生存保障训练他们在战斗中反应，不求毙敌，只求造成一点伤害便于自己逃脱。但是说实话，遇到这种情况时，我不会选择继续战斗，因为我的确没有受过这样的训练。当务之急是保命要紧。”

尽管法国空军计划将来用“阵风”战斗机替换幻影2000的制空型和核攻击型战机，幻影2000D的前途仍旧一片光明，飞行员和机务人员对其作为幻影F1战斗机的继承者承担对地攻击和维和任务充满信心。“古斯”预计，幻影2000D战斗机会继续服役到2032年。

“幻影2000D将与‘阵风’战斗机一起成为法国空军对地攻击的主力战机，当然，‘阵风’战斗机也会执行制空任务。……幻影F1战斗机将在5～10年内完全退役，我们需要大量的继任者……非洲的吉布提也有我们的幻影2000D战斗机；我们在那里部署了一支幻影2000C和幻影2000D战斗机的联合中队。”当然，不同于幻影F1，幻影2000D战斗机更有能力来对抗任何可能的空对空导弹威胁。

下图：这架达索公司的双座战机是幻影2000B的原型机，于1990年完成首飞。图中战机的中线挂架上挂载一枚“斯卡普EG”巡航导弹。

“大黄蜂”战机

F/A-18“大黄蜂”战斗机凭借其20多年的优异历史战绩和强大的多任务执行能力而享誉全球。目前“大黄蜂”已经列装了8个国家，同时随着F-14“雄猫”战斗机的退役，“大黄蜂”已经成为美国海军唯一的舰队守卫。

飞行员的评价

“‘大黄蜂’的飞行控制系统可以允许飞行员任意操作操纵杆和油门，而且不用担心这是否会导致飞机失速旋转。”

克里斯·“埃尔伍德”·埃文斯少校
美国空军交换飞行员

“大黄蜂”尤为出名的是其缠斗中低速操作能力。美国海军F/A−18E/F“超级大黄蜂”的交换飞行员克里斯·埃尔伍德·埃文斯少校曾是一名经验丰富的F−15E“攻击鹰”战斗机的飞行员，他认为大黄蜂的特点是“非常敏捷”，这一说法也得到了美国海军F/A−18C/D战斗机的飞行员斯帕德·维兰少校的认可。

“‘大黄蜂’最致命的优势之一是其在战斗中灵活的低速操纵性。在飞机空速低于100节（185千米/小时）时，我仍然能利用机头瞄准目标并发射武器。这架战机可以完全失速，从空中下坠，然后我还能够抬起机头并进行射击。”

“大黄蜂”这样的敏捷性主要得益于它的气动不稳设计，但是要最大限度地控制它则需要一个良好的电传飞行操纵系统，维兰解释道：

“‘大黄蜂’的飞行控制系统（FCS）可能是该机最令人惊讶的一面。你可以将飞机飞至其飞行包线的边缘区域，甚至可以稍稍超出；如果你足够自信，你还可以继续控制该机的飞行。这是因为飞行控制计算机可以完成所有的程序。我利用操纵杆和方向舵向计算机输入我想要飞机完成的事情，它就会自动操纵所有的控制面来使之实现。从传统的机械控制飞机改良到如此地步，的确是非常惊人的。”

埃文斯说，“超级大黄蜂”也运用同样的原理。“飞行控制系统（FCS）可以允许飞行员任意操作操纵杆和油门，而且不用担心这是否会导致飞机进入旋转。”

维兰讲述了更多的细节，“大黄蜂”这种机动性显得重要原因也变得清晰。“不管你怎样飞行，你必须要了解对手的优点和缺点。然后你就知道如何利用他的缺点，并阻止他发挥他的长处。可以这么说，‘大黄蜂’的机动性使我们能够‘掌控战斗’。例如，F−16战斗机有一个较好的推力−重量比，它的最大飞行速度可以超过‘大黄蜂’。因此我们可运用低速飞行能力和机头调整能力使‘大黄蜂’在它四周盘旋，使它无法用机头咬住我们以进一步阻止其达到最佳的飞行速度，至少从理论上讲是这样。当然，百分之九十的战斗的胜负取决于驾驶员的表现。”

埃文斯补充了低速机动性的另一个非常重要的优势：“这使我们能在低速与第四代战斗机交战并与他们保持较近的距离，这样他们不能使用如AA–11射手空空导弹这样的大离轴发射武器来攻击我们。”这种导弹具有难以置信的可操作性，能够对远离导弹视轴高达90度的目标进行攻击。

“大黄蜂”的多功能性和执行多种任务的能力使其成为在空间有限的航空母舰上装备的理想战机，同时也对预算紧张的海外客户们充满吸引力。

“‘超级大黄蜂’和‘大黄蜂’的多功能性使其成为‘全能型’战斗/攻击机。美国海军充分发挥了其对空和对地作战能力。”

下图：一架派往第87攻击战斗机中队的F/A–18C“大黄蜂”从“西奥多·罗斯福”号航母甲板上弹射起飞。

[任务报告]

高速反辐射导弹（HARM）射手

“大黄蜂”作为多用途战斗机的多功能性更因其所携带和使用AGM-88高速反辐射导弹（HARM）得到加强。这个226千克（500磅）的导弹可以对敌军雷达的发射波进行侦查和追踪，并能在追得目标之后将之摧毁。1986年美军用海军和空军战机来袭击利比亚和1991年攻击伊拉克时，“大黄蜂”均使用了高速反辐射导弹（HARM），通过向可能有威胁的雷达站发射AGM-88高速反辐射雷达以支援主力部队的进攻。而且，如此也是一举两得，“大黄蜂”还能借此自保免受来自地对空导弹和空中的威胁，正是它的这种能力使其成为位于沙特阿拉伯首都利雅得的战争策划者的不可多得的武器。

左图：任何一架能发射AGM-88“哈姆”高速反辐射导弹的战机都能去执行压制敌方防空系统任务。近年来，F/A-18“大黄蜂”成为美国海军和海军陆战队执行压制敌方防空系统任务的得力干将。

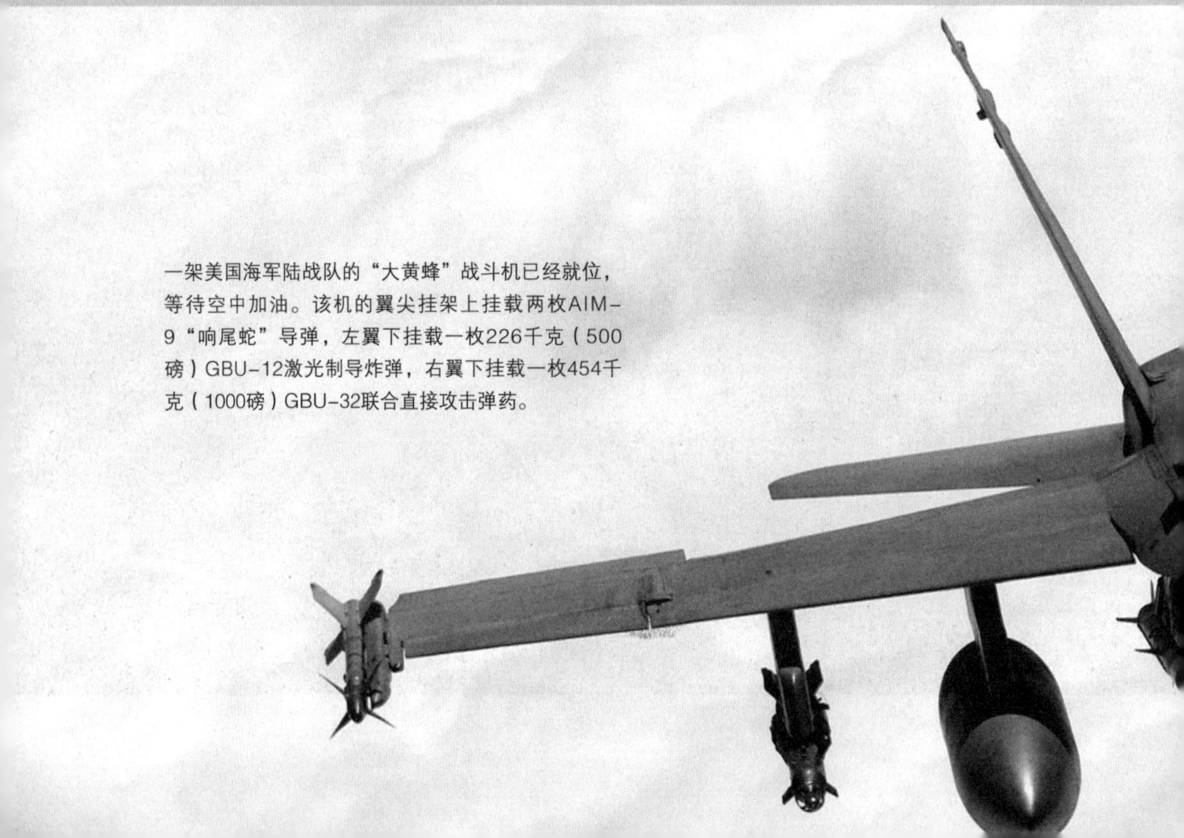

一架美国海军陆战队的“大黄蜂”战斗机已经就位，等待空中加油。该机的翼尖挂架上挂载两枚AIM-9“响尾蛇”导弹，左翼下挂载一枚226千克（500磅）GBU-12激光制导炸弹，右翼下挂载一枚454千克（1000磅）GBU-32联合直接攻击弹药。

多功能战斗机

“大黄蜂”和“超级大黄蜂”均有能力承担“攻击”和“战斗”的双重使命。这种能力的实现主要是基于该机驾驶舱的优异性能，它能通过多功能显示屏向飞行员（和该机的双座位变种的武装系统操作员）提供一套完整信息。埃文斯描述道，“这能使我们更加迅速地了解战场的情况，并可以利用这些数据来定位更多的敌人。”

维兰进一步解释道：“你了解得更多……你就能更好地运用战机的系统，并更出色地驾驶它。不仅仅是有多少个测量仪、标度盘和显示器的问题，最关键的是我们可以选择我们想要或需要看到的。我们要能够简化我们得到的信息，不论是前视红外线（FLIR）、雷达还是光学电视摄像系统（TCS）等等，都能给予我们所需要的信息，而这样做的目的是消除我们不需要的‘混乱’信息。”

每一个“大黄蜂”的客户都会强调其某一作战任务比其他的更重要。例如，瑞士空军使用SF/A-18C/D

国外列装

列装国	机型	数量
澳大利亚（澳大利亚皇家空军）	F/A-18A/B战斗机	75架
加拿大（加拿大空军司令部）	F/A-188A/A战斗机	138架
芬兰（芬兰空军）	F/A-18C/D战斗机	68架
科威特（科威特空军）	KAF-18C/D战斗机	40架
马来西亚（马来西亚皇家空军）	F/A-18D战斗机	8架
西班牙（西班牙皇家空军）	C15/CE-15战斗机	72架，24架
瑞士（瑞士空军）	SF/A-18C/D战斗机	34架
英国	WAH-60D武装直升机	67架

“大黄蜂”专门负责空对空作战，不训练对地面攻击，而美国海军则“主要利用‘超级大黄蜂’进行攻击，同时我们也练习了它的空对空战斗机这一次要角色。因此，我们花费大量时间练习进攻技能”，埃文斯评论道。

“大黄蜂”所担任的主次任务的变更或重新平衡在任何时间都能进行。但维兰强调，“大黄蜂”当前的任务是支援在中东的地面部队，它目前的状态无需变更。

“大黄蜂”的武器

“大黄蜂”可以携带各种各样的弹药，以使其能够完成军事策划人员所安排的各类任务。

当它负责保护其他飞机和进行战斗空中巡逻（CAP）时，它会挂载AIM-9M“响尾蛇”导弹、AIM-7“麻雀”空对空导弹和AIM-120先进中程空对空导弹（AMRAAM）。其机头上安装的M61A1加特林机枪是它在战场上的最后武器，因为理想状态下，“大黄蜂”会借助强大的雷达和射程更远的先进中程空对空导弹（AMRAAM）在对手远未达到机枪那相对较短的1800米（6000英尺）的射程之前就将其摧毁。

如果F/A-18战斗机被派去压制敌方防空火力（SEAD）的话，那么它不仅可以挂载AIM-7/AIM-120先进

[任务报告]

猎杀米格

以美国为首的多国部队对在1990年年底对非法占领科威特的伊拉克部队发动攻击。部分盟军部队负责将伊拉克部队赶出科威特，这些盟军部队包括“萨拉托加”航母上的VFA-18“太阳神车”F/A-18C/D“大黄蜂”中队。战争打响当夜，萨拉托加出动数次“大黄蜂”战机，其中一架由海军少校马克·福克斯驾驶，侦察到了一架伊拉克空军的米格-21“鱼窝”战斗机，并在很近的距离用AIM-9M“响尾蛇”导弹将其击落。

不久之后，尼古拉·蒙格里奥中尉在执行地面攻击任务时接收到海军E-2C鹰眼预警机机载报警和控制系统（AWACS）的警报：即将遭遇两架米格-21战斗机。他的“大黄蜂”挂载的炸弹过重无法进行战斗机动动作，除非它抛弃挂载，否则难以抵抗灵活的“鱼窝”战斗机，蒙格里奥利用“大黄蜂”的雷达侦测到很远之外米格战机长机，并发射一枚AIM-7“麻雀”导弹击落它。第二架米格战机逃离战场时他又一次成功地将其摧毁。

蒙格里奥的猎杀已经是第二次了，而最后海军结束了这场战争，也证明了“大黄蜂”的优异的多用途性能。

下图：两架隶属第136攻击战斗机中队的装备了AIM-9“响尾蛇”导弹的F/A-18C战斗机编队飞行。图片摄于1994年波斯湾上空。

飞行员的评价

"'大黄蜂'的发动机超级棒！我们自信你在任何一种情况下都可以将油门完整地转一个圈，完全不用担心引擎会出现压气机失速现象。"

斯帕德·维兰少校
美国海军F/A–18C飞行员

美国海军的空中测试评估中队正在测试"大黄蜂"的武器系统。图中这架"大黄蜂"战机正在发射454千克（1000磅）MK–83低阻力通用炸弹以测试其配备的先进战术前视红外吊舱。

中程空对空导弹和AIM-9“响尾蛇”导弹外，还可以挂载两枚AGM-88高速反辐射导弹。“大黄蜂”的机载雷达告警接收器补充了高速反辐射导弹（HARM）探头的敏感性以使其更有效地探测敌方雷达的发射源，尽管通常都会使用“先发制人”的模式——即在导弹发射之前就已经把已知的敌方雷达的位置输入到程序了。导弹朝已知地点的发射是以攻击程序的时间为基准的，理想化状态是，在敌方雷达辐射波刚发出时高速反辐射导弹（HARM）恰好将其击中，而此时攻击前锋还未到达雷达的包围圈。

上图：“大黄蜂”的无忧操作性使之成为美国海军“蓝色天使”飞行表演队的不二之选。图中战机正在表演4机菱形正反飞行，F/A-18如此精妙的控制系统足以保证飞机不会发生相撞事故。

为了实现对地攻击和截击任务，“大黄蜂”配置了许多最新的全球定位系统（GPS）炸弹，其中包括GUB-31制导导弹、GBU-32制导导弹以及GBU-38联合直接攻击炸弹（JDAM）。同样，为了完成各种相应任务和攻击目标，它有时也会挂载集束炸弹和非制导的“愚蠢”炸弹。为了达到更好的远距作战能力和攻击精确性，“大黄蜂”使用了从简单如AGM-65“小牛”反坦克导弹到先进的防区外对地攻击导弹（以扩展范围）和AGM-154联合防区外武器（JSOW）等一系列强力武器。同样，当友军部队危机四伏时，“大黄蜂”机头上的加特林机枪也可以用来扫射“软”目标。

最后，“大黄蜂”还能够携带大量强大的无人驾驶机以迷惑敌人的雷达操作员。1991年海湾战争期间“大黄蜂”首次使用了这些无人驾驶机，并在2003年伊拉克战争期间再次使用。

F-117隐身攻击机

洛克希德公司的F-117“夜鹰”攻击机曾常被媒体误解，其在1991年的“沙漠风暴”行动期间在联军的空中攻击中起到先锋作用使其荣膺“隐身攻击机”的称号。

F-117攻击机“隐身”的基石在于其采用了雷达吸波材料和表面涂料，以及独特的多面体设计。

飞行员的评价

“F-117可以让飞行员深入到他们此前无法到达的地方。”

“强盗329”

前美国空军第416“恶灵骑士”中队指挥官

F-117也被称为“摇动的精灵”，这一称呼是指它太难操控——这很可能是因为它太过奇特的外观。对于F-117的飞行员而言，它就是一架简单的“黑色喷气机”，它的价值在1991年袭击伊拉克军队的行动中得到了体现，但飞行员们并不认为夜鹰前卫设计会使其难以驾驭。

“强盗329”在“沙漠风暴”行动期间曾领导美国空军的第416“恶灵骑士”战斗中队，他毕业时是他所在飞行员训练班的优秀学员，并在此之前也曾驾驶过F-4和F-15战斗机。他于1990年被分配到“黑色喷气机”编队。

“就操作而言，F-117攻击机对我来说类似于F-4战斗机。它不具备F-15或F-16战斗机那样多的潜在性能，但是它是一个非常稳定的操作平台。我们执行的每一项任务似乎更像是在进行仪器操作。但是如果你从外界观察它——我是在输油机上看到的——F-117一直在不停地摆动，这是因为该机的飞行控制是通过电脑进行的，频率大约是一秒钟一百次，但是从驾驶舱内看不是那么明显。它是

下图：尽管最初的F-117试飞是在内华达州偏远的马夫湖试验场和托诺帕试验场进行的，但如今整个F-117机队已经转移至新墨西哥州的霍夫曼空军基地。图中即为驻扎在霍夫曼空军基地的第9战斗机中队的一架F-117A攻击机。

动态的不稳定，F-16战斗机也是这样。因此，如果飞机失控或者飞行电脑出现故障，那么它就不可能继续飞行了。然而，它的飞行员却认为，这是一架非常‘可靠’的飞机。”

在实际作战中，F-117基本上只担任单一的角色，远不符合它广为人知的“战斗机”称号，并且在它服役期间，其表现也并不与这一称号相符。在其武器舱内配置了一对激光制导炸弹，F-117攻击机设计为突破敌军防空系统，深入敌军后方，并对高价值的设施进行毁灭性的轰炸：通常是敌方领导层所在建筑物、通信设备和武器生产设施等。

上图：空中加油使得F-117A攻击机具有真正意义上的全球到达能力。图中开口位置即为受油口，位于机脊处。

在伊拉克

在2003年3月的伊拉克自由行动期间，F-117攻击机参与了“斩首”行动并被用来攻击重点目标。F-117攻击机远不同于像F-15和F-16那样因空战而扬名的美国空军“当红战机”，它是因其高调的作战任务以及令人叹为观止的任务成功率而始终是公众关注的焦点。

另外一名同时驾驶过F-15战斗机和F-117战斗机的飞行员“JB”，曾在1994被选中成为F-117项目的试飞员，是一名经验丰富的试飞员，他现在驾驶F-22“猛禽”战斗机：

“我对F-117的印象是，它的操纵感类似F-15，也具备A-7攻击机的功率和动力。一旦你踏上这架飞机并

操作它——我指的是飞行速度超过400节（740千米/小时）时，它也能做到其他任何飞机所能做的，只是不能持续很长时间。你可以进行一个真正的旋转，但之后你就会摔下来并溺死于水中。”

“强盗329”继续道：“F-117攻击机的特点之一是加速性能不是很好，减速性能也不是很好……它具有F/A-18战斗机的发动机，但因为它那‘鸭嘴兽’嘴巴形状的窄缝发动机喷口，它无法进行加力燃烧……它不具备像F-15战斗机或F-16战斗机那样的可以集中推力进行冲刺的喷嘴。因为推力分散在了机尾，所以我们的实际加速能力比较有限。”

飞行员的评价

“一个残暴的领袖再也无法躲在掩体里高枕无忧了……而且预计也不会再被追杀了。”

“JB”，前F-117试飞员
爱德华兹空军基地，第411飞行测试中队

左图：“沙漠盾牌”行动期间，第37战术战斗机联队的F-117A攻击机在飞往沙特阿拉伯之前在兰利空军基地做准备工作。1990年8月，第一架F-117A攻击机抵达此处。

[任务报告]

1991年的"沙漠风暴"行动

F-117攻击机第一次参战是在美国于1989年12月进攻巴拿马的"正义行动"期间。当时，作为推翻曼纽尔·诺列加行动的一部分，6架F-117攻击机从内华达州的托诺帕基地起飞前往巴拿马。中途飞行18个小时，经过四五次空中加油，才飞到目的地。然而，直到1991年的海湾战争，F-117攻击机才真正受到公众的关注。

下图："沙漠盾牌"行动和"沙漠风暴"行动期间，第37战术战斗机联队的F-117A攻击机从沙特阿拉伯皇家空军的哈立德国王机场起飞执行任务。该基地随后被称为"东方托诺帕"，这个沙特阿拉伯西南山区的机场提供了许多现代化设施。

萨达姆·侯赛因入侵科威特不久，第37战术战斗联队调动首批F-117攻击机飞抵沙特阿拉伯的哈立德国王空军基地，至1990年年底，第37联队在该战区已经部署两个作战分队：第415和第416战术作战中队。此外，隶属第37联队的第417战术战斗训练中队的飞行员和机务人员也作为轮值部队进驻此地，进一步强化了第37联队在该战区的作战力量。"黑色喷气机"从一开始就参与了战斗，并在1991年1月17日"沙漠风暴"行动的第一个晚上就摧毁了伊拉克的包括指挥掩体、通信设备以及固定的防空设施在内的关键设施。通过打破伊拉克防空网络和C2网络库，F-117攻击机为即将到来的多国部队飞机群打开了

一片天空。

巴格达上空的"夜鹰"

"强盗329"也经历了海湾战争的第一波空袭，他领导第416战术战斗中队的F–117攻击机，在第二次攻击浪潮中袭击了伊拉克首都巴格达：

"我们共进行了两波袭击。在第一波空袭结束大约一个半或两个小时后我指挥进行了第二次攻击。我们大约凌晨三点飞临目标。我们从位于沙特阿拉伯的基地出发，飞往北方。我抬头看时，天空漆黑一片，沙漠周围不时出现爆炸的闪光。伊拉克是一个拥有很多城市的国家。我抬头望向我的11点钟方向，满是严阵以待的地面防空设备，我以为这可能是一个刚被F–111攻击机袭击过的飞机场……我打开地图，发现那里就是我们的目标地点——巴格达。我心里不停地想：没有飞机能够活着穿越这里，我们无路可走。我意识到这就是我的整个中队，我的联队所要去的地方……真是令人难以置信。在F–117攻击机的驾驶舱内能感到这是一架噪音很大的飞机，我戴着耳塞。但是你仍能听到所有的叮当声和噪音……真是糟糕透了。但是我是这个中队的指挥官，我不能够转身逃脱。即使有点不对劲，我也只能勇往直前……然后我们就进入了巴格达……我看了看平视显示器（HUD），我还能够看到敌军的示踪器。太不可思议了。我所看到的只有示踪器，我唯一能做的就是降低我的飞行高度，这样我就看不到任何示踪器了。这是我一生中最可怕的时刻……但是没有人攻击我们。我不知道他们为何就这样放过我们……"

F–117继续无视伊拉克的防御直捣腹地，到"沙漠风暴"行动结束时，"夜鹰"已经在行动的43个夜晚内投放了超过2000吨炸弹。它们是唯一进入防御严密的巴格达的盟军飞机。它们使用的武器是907千克（2000磅）的GBU–10宝石路–2激光制导炸弹和GBU–27宝石路–3激光制导炸弹（LGB）。"强盗329"解释道：

"我们携带GBU–10和GBU–27两种不同的激光制导炸弹。GBU–10激光制导炸弹有不同的投放模式，GBU–27激光制导炸弹则是一种更为精确的武器，但是它也使我们处于不同的威胁状态，使携带更加危险。但是，我们可以把GBU–27主要放在弹舱内部3～4英尺（0.9到1.2米）的位置……我们向同一目标投掷两种炸弹，但是GBU–27激光制导炸弹主体更为坚固，这样使它可以穿透得更深。GBU–10是一种攻击建筑物之类软目标的武器。"

左图：两个“夜鹰”作战单元之一的第9战斗机中队，于20世纪90年代中期将其标志由原来的“钢铁骑士”改为“飞翔的骑士”。该中队还参与了“盟军力量”行动。

“鸭嘴兽”式机尾正是F-117的设计特点之一，这样尾部能产生一个比较低的热信号，可以减少该机的雷达和红外特征。F404型发动机的推力有限，“夜鹰”攻击机可达到的正常巡航速度为0.81马赫。同时在机身和尾翼面的前面安装排气槽，分散了热排放源，飞机不易被侦察到。

“隐身战机”的先驱

时至今日，低可侦测性（LO）和“隐身”性能已经成为最新一代战机一项公认的评判指标，而于20世纪70年代保密设计的F-117攻击机，是第一架真实的在服役的“隐形”战斗机。夜鹰攻击机独特的楔形外形特征有助于降低其可侦测性，大大地降低了其雷达回波面积（RCS），以避免被敌方防空系统侦查到。对飞行员来说，驾驶使用电传操纵飞行控制系统的F-117攻击机的感觉和一些单座战斗机并无太大区别。除了其不同寻常的角度和框架化的驾驶舱外，“夜鹰”攻击机的驾驶舱给飞行员配备了类似于同时代其他单座战斗机相似的控制装置，其中包括平视显示器、多功能显示器，当然最重要的是，有一个大的单色阴极射线显示屏提供前视激光红外系统，用于定位和识别目标。

[任务报告]

1999年：科索沃战争

正如在1991年对伊拉克所做的，在1999年科索沃战争期间，F-117攻击机空袭了南斯拉夫。在78天的针对塞尔维亚政府和部队的袭击行动中，北约主导空袭行动最终迫使南联盟妥协。在科索沃战争中，F-117攻击机被再次分配到最艰巨的任务：袭击防守最为严密设备，包括在贝尔格莱德的目标。最多24架“夜鹰”最终被部署在欧洲的两个美国空军基地：意大利的阿维阿诺和德国的潘达勒姆。

盟军部队唯一的F-117攻击机损失是在空袭的第四个晚上，1999年3月27日，“维加31”坠落在贝尔格莱德外围。塞尔维亚的防空部队精心筹划以击落像F-117攻击机这样的低空可目测目标，他们改良他们的雷达和火控设备并从阿维亚诺起跟踪飞机的飞行路线。此外，南军还使用了一台久经战阵的美制雷达用来探测飞机，并使用电子光学制导导弹以避免电磁干扰。两枚“萨姆3”地对空导弹瞄准F-117攻击机发射，其中一枚侥幸命中——成为米洛舍维奇的南斯拉夫政府大肆宣扬的战果。“夜鹰”的飞行员戴尔·兹克少校安全逃出，并被一个由A-10攻击机与三架直升机组成的战区搜救队所救。“维加31”是塞尔维亚的盟军部队行动北约仅损失的两架飞机中的一架。

右图：一名塞尔维亚雇佣兵坐在F-117“维加31”的弹射座椅中。该机于1999年3月27日坠毁于贝尔格莱德市郊。

上图：在训练中，“夜鹰”攻击机经常在白天飞行，身后缀着一个“小尾巴”——T-38教练机。

“强盗329”解释道：“这是一个非常大的驾驶舱，它一点也不拥挤，里面的布置很合理，非常契合飞机执行的任务以及出战的时间。记住，这是70年代末期的技术，而不是现代技术……因此从这个角度来讲，驾驶舱并不是能称得上是最先进的技术。但是它非常简单直接……我们的执行任务时用到的最主要的工具是用于搜寻目标的红外屏……它位于驾驶舱的中心，这样你就不用朝外看，只需向下看即可。”

升级

F-117攻击机需要不断进行升级，来弥补盟军行动中发现的缺陷，尤其是它的全天候作战能力，正如该机的试飞员“库尔斯”所说的：

“我们在F-117攻击机上配备的最新的武器是EGBU-27激光制导炸弹，这是GBU-27炸弹的改良型号，增加了全球定位（GPS）制导装置……拥有了这种武器，它就可以全天候打击目标。”

上图：“南方守望”行动中，一架第8战斗机中队的F-117攻击机在从科威特的基地出发前，做最后的检查。“南方守望”行动是监视伊拉克的禁飞区。

精英飞行员

挑选到“黑色喷气机”小队的飞行员都是精英中的精英。然而这个培训计划刚于2006年结束，飞机就在2008年4月退役。

不论从何种意义讲，F-117都堪称一次飞机的革命，经历了“沙漠风暴”的老兵“强盗329”对夜鹰攻击机做了如下简明的总结：

“F-117攻击机是一个伟大的武器……它的出现恰逢其时……但它只是一个基石，我认为空军让其退役是因为有了更先进的武器。”

下图：这架黑色喷气机在“伊拉克自由”行动中至少完成了16次作战任务，这也反映了F-117持续在前线作战的重要性。

“阵风”战斗机

法国空军和海军发展一种新型的飞机以取代其现役的六种不同的飞机，“阵风”战斗机的高灵敏性、良好表现以及卓越的武器系统，使之成为同代战机中最尖端的一种。

飞行员的评价

“与其他战机最显而易见的差别在于‘阵风’堪称一架飞行电脑。它能自行处理飞行参数，飞行员便可集中精力于完成战术任务。”

尼古拉斯·利奥泰上尉
法国空军EC 1/7中队“阵风”战斗机飞行员

“阵风”战斗机延续了达索公司三角翼多用途战斗机的传统。EC 1/7中队是法国空军第一支装备“阵风”战斗机的部队。图中是一架EC 1/7中队的“阵风”战斗机。摄于2006年6月26日。

在模拟缠斗中，“阵风”战斗机胜过了F-15、F-16和F/A-18战斗机，同时，根据弗朗索瓦·莫吾斯兹上校的说法，“阵风”战斗机在模拟空战期间也“战胜了F-15战斗机和欧洲的‘台风’战斗机”。然而，“阵风”战机并不仅仅只是一架空战战机，它有多功能用途，莫吾斯兹上校解释说：“有了‘阵风’，我们可以同步执行多项任务：同时进行空对空作战、空对地作战以及侦查任务。”

此外，不同于其欧洲的直接竞争对手（台风），“阵风”战机从设计之初就包括航空母舰上起飞的舰载机型，2004年6月，装备“阵风M”的第一个海军飞行队列装完毕。

能满足海军的需要意味着阵风战斗机的自动化程度非常高，这样减少了飞行员的工作量并使之能够专注于执行任务。例如，在弹射起飞时，飞机在离开弹射器后最初的10～15秒时间是自动飞行，这样有助于在夜间或恶劣的天气下的安全飞行。“阵风”战斗机在拥有这种“无忧”飞行控制系统的同时，飞行员也可以使用侧杆双杆操纵杆（手不离杆操作系统）实现它的超机动性能。F-16战斗机和一些其他的现代战机上也具有这样的性能。

一名飞行员陈述道：“驾驶‘阵风’战机飞行妙不可言。你把两个手指放在侧干上就能控制它。飞机动力十足。掌握了飞行控制系统后，你就可以专注于你的任务和武器的部署。驾驶飞机就成为一件微不足道的事情。”

语音控制

“阵风”战斗机通过引进一种语音控制系统来再次减少飞行员的工作量，使之可以通过语音在多功能显示屏上调出信息，并可使用单独的语音指令来执行驾驶舱的一些次要功能。

法国达索公司军用飞机的首席试飞员菲利普·雷伯格解释道，“除了使用手动操作，直接声音输入技术允许飞行员启动数据输入功能，并选择非安全关键的模式。在一些苛刻的战斗场景，手动操作速度十分缓慢，语音控制系统能提高整体的效率：飞行员不必要再去查看驾驶舱。这样能够

使他更为关注任务和系统的操作。无数的外国试飞员已经评估了这个系统，他们都称赞它的效率……响应时间极短，而且重要的语音命令的选择是通过视觉反馈确认的。”

前EF2000战斗机的飞行员克里斯约也有驾驶“阵风”战斗机的一些经验，曾驾驶“阵风”战斗机的原型B02。他说道：

“试飞员的第一印象对他快速地适应新的环境非常重要，在这个时期我开始熟悉一下‘阵风’战斗机。尽管驾驶这架飞机只有几个月，但是我很快掌握了飞行控制系统和驾驶舱。这架飞机对所输入执令的响应速度很快并且很到位。控制力量也很平和适中。”

上图：一架“阵风”战斗机在低至距地面15米的低空飞行。低空飞行时，战机的自动地形跟踪系统能够为飞行员提供一张“多通道”地图，以避开障碍物和敌方雷达，

先进的人机界面意味着能够为飞行员提供其所需的信息，“阵风”战斗机的机动性则是通过复杂的电传操纵系统和两个抢进的M88-2涡轮发动机得以实现。“阵风”战斗机的推力重量比为8.5，允许飞行员快速加速，并绕着飞行包线的各个角落安全地飞行。发动机从慢速到全速并开加力，在短短的三秒内就能完成。因为涉及在航空母舰上降落，发动机的可靠性也是一个关键的因素。“阵风”飞机

海军航空兵的飞行

在“查尔斯·戴高乐”号航母的准备室内完成最后的飞行前简报后，“阵风”战斗机的海军航空兵飞行员穿上他的飞行套装和救生装备，来到航母甲板上。在这里，他与飞行上司最后绕机一周后借助阵风M的电动登机梯进入驾驶舱内，飞行员坐在MK16F弹射座椅上，此时可以开始启动程序。惯性导航系统是第一个启动的，同时在飞行甲板上的信号官员为即将开始的起飞启动起飞的信号标。

发动引擎后，飞行员测试下弹射栏，然后松开飞机的制动，并打开油门将飞机移至弹射位上。“阵风”战斗机的重型起落架的特点是在前轮360°转向，使飞行员能够操纵得准确到位。在选择“发射”模式中，战斗机的前缘襟翼最大限度张开，鸭翼偏转，同时升降副翼设定为机头抬升的配置。现在“阵风”战斗机准备起飞。

自动发射

在飞行员坐回座位上来应付弹射带来的惯性力时，发射程序是由甲板上的人控制的。甲板上的弹射人员使用旗子发出信号，发射操作员接到信号按下按钮启动弹射器。在只有75米（250英尺）的距离中，阵风战斗机可以推进到270千米/小时（145节）的飞行速度，同时离开甲板时，飞行员选择完全加力开始进行高攻角的爬升。一位飞行员描述道：“飞机的动作幅度很大，整个过程很流畅。”

这个时候飞机仍处于自动化控制，以确保飞行员的任何错误得以纠正。飞机的动力由两台M88-2发动机提供，在一台涡扇发动机出现故障时，飞行员能够安全地放弃任务，并使用单一的发动机着陆。飞机爬升至大约120米（400英尺）高度时，飞行员恢复对阵风战斗机的控制并开始转到中空高度。

汇合

在执行典型的战斗空中巡逻（CAP）任务时，E-2C鹰眼空中预警机将先于“阵风M”战斗机从“查尔斯·戴高乐”

左图：在经过180°的大转弯后，“阵风”战斗机的飞行员放下拦阻钩，准备降落到航母甲板上。

航母上起飞，以便启动它的路径跟踪模式。它将会使用强大的雷达以扫描航母周围空域任何敌对的接触。“阵风M”战斗机的飞行员将会在既定的海拔高度进入轨迹跟踪模式，以把燃料消耗降到最低，随时等待来自鹰眼预警机的行动召唤。一旦探测到不明战机，鹰眼预警机将会引导“阵风M”战斗机前来，飞行员此时开启加力超音速“冲刺”至目标地点。

目标拦截

一旦飞行员的目标出现在机载RBE2雷达的探测范围，他就要负责进行拦截。在这个阶段，他很可能进行双机或四机编队飞行作战。战斗机的雷达将会有节制地运行，以避免被侦察到，飞行员将轮流跟踪目标飞机。随后飞行员将会接近目标的视觉范围内以确定其身份。如果证实目标为敌方单位，“阵风M”战斗机则会飞近并用“米卡RF”导弹进行攻击。此时仍由机载雷达锁定目标，在惯性制导模式下发射雷达制导导弹，此后导弹才能使用自带引导头来锁定目标。“阵风”战斗机的雷达能够探测并跟踪40个空中目标，如果有需要，可以同时优先考虑八个目标，同时也有可能同时发射四枚导弹。

下图：“阵风”战机从航母上弹射起飞是一个高度自动化的程序，飞机升空后，飞行员才能全面控制飞机。

上图：雷达、自卫套件，以及光电系统的信息都会显示在中央显示器上。飞行员可以通过语音指令来调出所需的数据。

在航母上降落滑跑只有200米（650英尺），离甲板边缘只有3米长的误差距离，如此精准的降落要归功于它的激光降落辅助设备，用一名海军飞行员的话说就是“让人印象至深的机动性”。

“阵风”战斗机还试验了其在低速飞行时和大攻角状态下的灵敏性，同时在试飞期间也证实飞机在超过100°的高攻角以及在低至75千米/小时的极低

速度飞行时仍可控。飞行员可以利用这种极端的动作在缠斗中使用离轴导弹锁定目标，或是规避敌机的导弹。“阵风”战斗机的“发射后不管”的“米卡”导弹更使之如虎添翼。试飞员珍·加缪拥有大量的驾驶阵风战斗

上图：一架“阵风B”战斗机发射一枚“米卡”教练弹。在同代战机中，“阵风”战斗机用一款导弹来应对超视距空战和近距离缠斗两种作战模式的设计显得有些异类。

下图：一架机腹中线处挂载泰勒斯远程侦察吊舱的“阵风M”战斗机飞离“查尔斯·戴高乐”号航母的甲板。该吊舱使“阵风”战机拥有侦查能力，由两个红外传感器组成：中/高空使用的双频谱传感器和低空高速飞行时使用的单频传感器。

[任务报告]

“米卡”空对空导弹

“米卡”充分自主（发射后不管）空对空导弹——最初只是雷达制导——首先挂装在法国空军的幻影2000-5F拦截机上。在今后的F2标准下，阵风战斗机的飞行员将有机会选择两种不同的“米卡”导弹：主动雷达制导的RF型或被动红外的IR型。

下图：一架典型的远程制空配置的“阵风”战机，携带4枚“米卡”导弹和3个副油箱。执行近程制空任务时，则是携带8枚空对空导弹和1个副油箱。

通常情况下，“阵风”战斗机的飞行员对付超过60千米（37英里）的远程目标时会选择“米卡RF”型，在近距离的战斗则选择无需使用多频电子战自卫装置的“米卡IR”型，“米卡”导弹的“双重角色”设计的另一个优点是其不同于寻常的中程空空导弹的超高灵活性。拥有长舷翼和尾部控制面，并加装了推力矢量的“米卡”导弹可以做出50G的机动。一旦在目标的附近，它也能排除雷达干扰丝或红外干扰弹的影响。

机和幻影2000的经验，解释说："在装备了云母导弹和头盔瞄准具后，我们觉得，机头突然抬升后飞行就像是一条眼镜蛇在战斗中昂起脖颈。"

数据融合

除了装备头盔数据瞄准具，"阵风"战斗机的飞行员也装备有一个RBE2电子多功能扫描雷达、一个多频电子战自卫装备和一个前方扇形区光电子探测系统。前方扇形区光电子探测系统将红外搜索和跟踪系统、前视红外传感器和一个激光测距仪相结合。所有这些来自信息资源的组合是通过数据融合形成一个独立的战术画面，呈现在抬头显示器和三个全色液晶多功能显示器（MFD）上。

下图：第一架双座型"阵风"战斗机原型机——"阵风B01"，于1993年4月首飞，常被用来实验一系列航电设备和武器。图中可以看到"阵风B01"战机携带了"阿帕奇"远程撒布器，这个撒布器已经应用在了法国空军的幻影2000D战斗机上。

据菲利普·雷伯格所述："这些不同传感器之间的数据融合能力是阵风战斗机武器系统最重要的一点。

"相比于幻影2000和F-16战斗机，这是一次彻底的改变，他们（指的是幻影2000和F-16）的飞行员不得不通过分析雷达或威胁预警系统提供的信息，来想象战斗态势。而'阵风'战斗机的飞行员只需一眼就能获得一个清晰的空战视野并获取有利形势。"

主要的飞行操作系统

达索航空公司的首席试飞员伊夫斯·比尔·科赫伟，描述了"阵风"飞行员如何使用主要飞行控制装置来执行任务：

"手不离杆系统当然是经典飞行控制装置：手不离杆系统是紧凑型的，以便释放驾驶舱内空间。最主要的控制装置已经放置在那两个操纵杆上了，这样飞行员就能控制他的整个武器系统，调整自己的传感器，并在手不离开它们的情况下给自动导航装置下达命令。在操纵杆上有13个类似的'实时'控制装置，同时在油门杆上还有24个。不难理解，飞行员需要通过一些培训使之能够本能地操纵它们。"

"阵风"还为飞行员提供了专门设计的手套，以确保左侧两个相当敏感的多功能显示器和右侧主要的宽视野多功能显示器能够有效运行。

"全角色"战斗机

尽管上一代战斗机被描述为多重角色战斗机，但是它们在执行单一的任务期间，很少利用其他的战斗功能。但是，对于"全角色"的"阵风"战斗机而言，它的飞行员可以适应瞬息万变的战斗场景，并按要求选择合适的传感器和武器。

菲利普·雷伯格解释说："它可以同时激活空对空和空对地的功能。这是一次真正的创新，使'阵风'战机能胜过它的竞争对手。在使用'斯卡普'（常规的武器巡航导弹）攻击时，空对空模式会频繁地使用雷达，同时前方扇形区光电子探测系统也会配合。通常，雷达用于跟踪一些目标，而前方扇形区光电子探测系统则锁定系统甄别出的最危险的目标。只需轻轻一按就能完成这一任务。通过自动驾驶仪的简单输入能够实现完整的点火顺序……在阵风战斗机中，自动驾驶仪全力配合飞行控制系统。”

对于它的飞行员而言，阵风战斗机展现了比以前更先进的设备，同时其性能和能力在未来几年中将会进一步改善以融合到基本设计理念中去。

飞行员的评价

“‘阵风’战斗机很容易驾驶。飞机对飞行控制系统良好的响应性给飞行员处理充满风险的飞行状况带来了很大便利，比如弹射起飞和空战……”

——名法国海军“阵风”战斗机飞行员

下图：随着新的武器和任务系统设备的引入和完善，“阵风”战斗机日渐成为一架成熟的全天候攻击机。图中这架“阵风”战斗机挂载了6枚227千克（500磅）GBU-12“宝石路”激光制导炸弹，“阵风”战斗机可以用配备的“达摩克利斯”瞄准吊舱来引导该炸弹。

“鹰狮”战斗机

瑞典理应会为萨伯公司长期不懈地研发本土战机而自豪。在这些战机中最新的是JAS3-9“鹰狮”战斗机，它是同代战机中第一架进入前线服役的战斗机，也是一架高度机敏“变角色”战斗机。

图中这架JAS-39挂载了激光制导炸弹，展示其精确打击能力。瑞典空军大力开发“鹰狮”战斗机的战场支援能力，并于2004年为其加装了“利坦宁”激光指示吊舱。

飞行员的评价

“从飞行员的角度来看，驾驶‘鹰狮’战斗机飞行是件很美妙的事。作为一名飞行员，我可以说‘鹰狮’战斗机在地面上在空中都很容易操纵。因此驾驶它飞行真的是一件趣事。”

匈牙利空军少将
萨格·哈诺斯

穿上一套抗超重飞行服和救生包后，“鹰狮”战斗机的飞行员进入驾驶舱。然后他或她通过五点式安全带和束腿带等救生设备被束缚在倾斜的MK10L“零-零”弹射座椅上，同时使用一个便携式数据传送装置“黑匣子”将任务数据上传到飞机的中央电脑上。

相比于上一代战斗机，JAS-39C“鹰狮”战斗机的驾驶舱是完全数字化，没有任何备份工具。因此，舱内显得很“整洁”，同时信息根据情境而进行优化，为了使飞行员不再被那些不重要的资料压倒。就其本身而言，驾驶舱内主要就是一个广角的平视显示器、三个多功能彩色显示屏幕。

抬头显示器显示了基本的飞行数据和武器瞄准参数。多功能显示器安装在抬头显示器的下面。左侧的显示器给飞行员提供了飞行数据和系统状况，其中包括报告发动机、燃料载荷和武器的状况，同时也提供了电子战的情况。右侧的多功能传感显示器提供了雷达和火控图片，包括来自其他机载传感器的信息。中央的屏幕提供了导航和任务组件，由电子地图显示器控制可以显示目标的信息。

飞行员的“眼镜蛇”头盔显示器为其提供一个可选的进一步数据源，它呈现了视线内的实时信息。“眼镜蛇”的武器字幕尤为重要，可以在很

右图：空中加油能力虽然不是瑞典空军战机的传统剧目，但“鹰狮”战斗机的海外客户要求战机具备这种能力。图中出现的加油机是南非空军的波音707。

大的离轴角下获得空中和地面的目标，同时在面罩上提供了一个武器状况和飞行数据的指示。

一位南非“鹰狮”战斗机的试飞员查尔·库切指出，“眼镜蛇”头盔显示器，“将会让你在意想不到的位置去射击。如果目标不超过鹰狮战斗机的90°范围，那么他就会处于危险之中……如果你拉力超过2G，你甚至不会注意到（头盔显示器）在那里，即使达到5G感觉仍然很好。超过6个重力加速度就会出现问题，但在这种过载下飞行员一直会避免移动他们的头部。头盔的稳定性给我留下很深的印象。在演习期间它总是一动不动，这对我们试飞员是非常重要的。”

手不离杆操作系统

飞行员驾驶飞机使用手不离杆操纵系统的原理，引进了F-16战斗机的技术，采用了常规的中央控制杆，上面既有操纵武器系统的按钮，也有控制燃料信息显示的功能。油门本身还有一个额外的操纵杆，给飞行员提供14种不同的功能。根据“变角色”的设计原则，飞行员通过输入一个简单的指令就能灵活自由地从一个任务模式切换到另一个任务模式。中央计算机会根据新的任务属性来相应地调整“鹰狮”战斗机相应的机载系统，并修改飞行员的显示器，不管任务是

右图：这张芬兰空军的单座“鹰狮”战斗机特写中显出了航炮的位置，机头左侧安装一门“毛瑟”BK 27航炮。“狂风”战斗机和“台风”战斗机上都安装了这种航炮。

北约的“鹰狮”

捷克空军引进“鹰狮”战斗机相当顺利，同时也以惊人的速度列装了这样先进的设备，斯拉夫空军基地的皇家空军中校皮特·米库勒卡清楚地解释道：

“我对你开诚布公地讲，我们在看到这个更换计划时曾想过‘这可能吗？’但是我们坚信它一定会实现。更新为‘鹰狮’战斗机不仅仅是飞机的更换——而是引入一个全新的系统。一切都在变化，我们的规则，我们的整个方案。最终一切稳定下来。我们停止使用米格–21，几分钟之后我们与‘鹰狮’战斗机一起工作。没有缓冲地带。的确，这需要采取不少的准备措施，但是我们真的做到了，而不是空谈。我们完全与北约融为一体。”

捷克军队制定了一个新的时间表，2004年6月签署协议要求新飞机在11个月内开始服役。两个月后，捷克的飞行员开始训练驾驶“鹰狮”战斗机，2005年6月30日起，捷克人暂时停用了他们老化的米格–21战斗机，引入新的“鹰狮”战斗机到前线服役。这时，飞机由北约掌管，并在捷克

下图：确保来自捷克共和国和匈牙利的出口订单是萨博公司的一大妙招。图中，捷克空军（左）和匈牙利空军（中）的单座“鹰狮”战斗机与瑞典空军的JAS-39D双座战机编队飞行。

领空负责24小时快速反应预警任务。

北约的改良

北约的JAS-39C/D“鹰狮”战斗机拥有许多新功能，这有助于其与别的空军战机的融合并提高了该机的整体性能。其中，这些改变包括新的彩色多功能显示器，为飞行员提供了一个超过70%的显示面，同时也兼容了夜视镜。同时，瑞典空军的“鹰狮”从未要求空中加油，而JAS-39C/D则在座舱后部安装了一个可伸缩的加油探头。飞机也加固了机翼和起落架，前者支持北约标准的武器挂点。

作为第三个列装“鹰狮”战斗机的匈牙利在2006年接受了第一批5架飞机，其中有3架单座的JAS-39C和2架双座的JAS-39D。这些飞机由第一批在瑞典完成培训的匈牙利飞行员驾驶从瑞典飞回本国。凯奇盖梅特空军基地的匈牙利第一战斗中队——著名的“彪马”中队装备了这些“鹰狮”战斗机。2006年夏天，第一批“鹰狮”战斗机的教练飞行员和另外的5名飞行员一起前往瑞典。总计15名飞行员在瑞典接受培训。

凯奇盖梅特空军基地的副指挥南多基利安上校解释说，“目前我们计划驾驶米格-29战斗机直到2009年年底，同时我们的‘鹰狮’战斗机计划依旧保持不变。到

上图：“鹰狮”战斗机为每一名战斗机务人员都配备了最为先进的个人装备。

2008年年底，‘鹰狮’战斗机将准备好承担快速反应预警任务，它们将与米格-29共同完成这个任务。此时的计划是在米格战机退役之前，‘鹰狮’战斗机有能力承担空对空和空对地的任务，当然它们准备更早地执行空对空的任务。”

在捷克和匈牙利飞行员训练驾驶新座驾的技艺和战术的同时，“鹰狮”战斗机也在通过软件更新逐渐改善自身的作战能力。最初“鹰狮”只能使用响尾蛇导弹和航炮，而通过逐步改进，已经能够使用先进中程空对空导弹和一系列空对地的武器。飞机也装载了EW39电子战设备。最终，捷克和匈牙利的军队将能够承担一系列的区域外的北约任务，利用他们的飞行加油能力来开展海外部署任务。

空对空、空对地，还是海上攻击或侦查。瑞典空军少将简，强调了“鹰狮”战斗机多用途能力的重要性：

“‘鹰狮’战斗机多角色的灵活性对现代瑞典空军是必不可少的。传统上瑞典空军的重点在于防空和反舰任务，但是现在我们要做得更多，‘鹰狮’就能完成这所有的一切。例如，我们已经努力实现战场上精确攻击的能力。”

“鹰狮”战斗机的对地攻击能力在跨国演习中已经有所展示，其中包括2006年在阿拉斯加的红旗军演，瑞典空军中校肯恩林德伯格透露：

“我们每天执行两个飞行任务，每次出动四架飞机。我们在执行进攻型制空任务时负责护卫攻击机群。在近距离空中支援任务和进攻型制空任务之间变换角色。在执行近距离空中支援任务时，我们投掷了16枚无自动力500磅（227千克）的GBU－12激光制导炸弹，也使用27毫米口径航炮进行扫射。”

依据瑞典军事理念设计的“鹰狮”战斗机旨在能够快速进入作战区，无论任务是拦截一架敌方战斗机还者是攻击快速逼近的海军目标。即使是从临时的前线作战基地或战争损坏的飞机跑道上起飞执行任务，“鹰狮”战斗机也只需打开一个简单的启动程序在三分钟内准备就绪。在沃尔沃RM12涡轮风扇喷气发动机的推动下，“鹰狮”战斗机能够在500米（1640英尺）之内起飞，在两分钟之内爬升至1万米（3.28万英尺）的高空。一旦到了空中，它那令人印象深刻的推重比、不稳定的气动布局以及电传操纵系统将会把它的敏捷性展现得淋漓尽致，“鹰狮”战斗机的飞行员弗雷德里克·马奇勒解释说：

“驾驶‘鹰狮’战斗机是一种令人惊奇的体验。不仅在于它的轻重量、高功率和空气动力效率带来的良好的加速、旋转和巡航性能，也在于它极佳的可操作性，这都要归功于其全数字化的飞行控制。令人难以置信的性能和出色的态势感知能力使得‘鹰狮’成为战斗机飞行员心中的终极梦想。”

“鹰狮”战斗机的飞行特性也给其他列装国的飞行员留下了深刻印象，匈牙利已经用该机取代米格－29成

反舰攻击

长期以来，“鹰狮”战斗机优先承担反舰攻击任务，该机可挂载两枚涡轮喷气式RBS-15F导弹。这种掠海式RBS-15F导弹能够以“发射后不管”的模式发射，飞行员在导弹发射之前上传目标数据。导弹发射时由惯性制导，到最后阶段切换到自身的主动雷达制导。导弹接近目标时处于低空高度，能够做出规避机动并有抗干扰措施。

多重任务出击

尽管其前任“雷”式战斗机需要一个专门的反舰机型才能执行跨越波罗的海的任务，“鹰狮”战斗机能够在执行一项任务期间从一个角色转换到另一个角色。在一次战术训练演习中，一个四架“鹰狮”战斗机编队执行一次低级别的攻击，此前一架“鹰狮”已经起飞在波罗的海上空进行侦察。此时，侦测到敌人的船只，同时负责侦察的“鹰狮”战斗机通过数据链接给其余的飞机传送目标信息。“鹰狮”战斗机编队甚至在不打开自己雷达的情况下就发射了RBS-15F导弹。这次出击是以空对空任务结束的，同时“鹰狮”战斗机也发射了高级中程空对空导弹和响尾蛇导弹以压制敌机。

下图：一架典型的反舰作战配置的“鹰狮”战斗机，包括一对RBS-15F反舰导弹，以及2枚AGM-65“小牛”导弹作为补充。“小牛”导弹的瑞典军方代号为Rb 75，分为红外制导型和电视制导型。

“鹰狮”战斗机降落的滑行距离仅为450米，根本无需配备制动降落伞。着陆后，“鹰狮”战斗机也非常容易维护，地勤人员很快就能完成战机下波次任务的准备工作。

为空军的王牌，匈牙利空军少将萨格哈诺斯说道：

“从飞行员的角度来看，‘鹰狮’战斗机是易于飞行的。作为飞行员我可以说‘鹰狮’战斗机在地面和空中的操作很简易。所以驾驶它飞行很有趣，一点都不枯燥乏味……‘鹰狮’战斗机的新的人体工程学理念意味着动态操作必须快速精准，同时飞机也要对所输入的指令能迅速做出响应，这样你就知道在任何时候你都处于安全系统的保护之下。”

为了抵挡严酷的高过载飞行，“鹰狮”的飞行员配备了一套定做的全身抗过载飞行服和一个辅助呼吸设备，使之能够在飞机作极端机动时分离额外的空气进入氧气面罩中。当然，不只是“鹰狮”的敏捷性能够使飞行员在战斗中达到自身的承受极限（飞行员最大能抗9G的过载，其他有一些战机也能做出这样高过载的机动）。这架飞机可以说是第一架“网络中心”战斗机，这就意味着可以通过“鹰狮”战斗机和其他空中和地面设备之间的信息数据链接来扩展飞行员的态势感知能力。它的数据连接系统甚至可以把一架飞机的目标图像传送给另一架飞机。这样做一个主要优点是，飞行员可以从其他来源收集目标数据，同时保持他或她自身的雷达和传感器处于“无声”的状态，避免被探测到。

肯恩·林德伯格空军中校描述了在红旗军演期间数据链接系统的工作状态：“在执行进攻型制空任务时，我们在四架飞机之间使用自己的数据链接系统，这让我们拥有强大无匹的态势感知能力——甚至超过了我们从E-3机载空中警报控制系统所得到的信息。我们总立于空战的不败之地。我们还发现，该机的预警和电子战系统极为优秀。这使得扮演敌军的红色空军几乎不可能突破我们4机组成的联合电子战系统。目标区域的信息尽在我们掌握之中，同时自己还不会被敌方发现——甚至在一些瞬息万变的环境中也是如此。”

除了这些数据交换，飞行员还可以使用机载爱立信P5-05/A多模式脉冲多普勒雷达进行远程搜索和跟踪，与AIM-120中程空对空导弹配合形成飞机的主要空对空战力。对于近距离的空中作战，“鹰狮”飞行员可以发挥飞机的敏捷性，综合使用眼镜蛇头盔显示器、短程空对空导弹以及航炮进行战斗。

列装情况表				
JAS	39A	39B	39C	39D
瑞典	106架	14架	70架	14架
捷克共和国	0架	0架	12架	2架
匈牙利	0架	0架	12架	2架
南非	0架	0架	19架	9架

“鹰狮”的巡逻

自2005年以来，“鹰狮”战斗机已经在捷克共和国和瑞典执行至关重要的快速反应预警任务。几次偶然的机会下，捷克空军飞行员驾驶“鹰狮”前去拦截入侵者——这通常都是因为民用飞机要么与空中交通管制断开联系，要么无意间偏离他们的计划路线。斯拉夫空军基地的皇家空军中校皮特·米库勒卡2005年驾驶捷克空军的“鹰狮”执行了该机的首次拦截任务：

“我们奉命起飞拦截一架与斯洛伐克失去了通信联系的土耳其A320喷气式客机。我们护送它通过捷克领空进入德国，以确保一切安好。几周前太阳神航空公司的波音737在希腊坠毁，因此对于此事我们很担心，但好在事情圆满地结束了。”

下图：一架正接受瑞典国防材料管理局检验的JAS-39C战机。2006年，瑞典国防材料管理局开始负责在林科平空军基地测试“鹰狮”战斗机的飞行系统，并在维德斯尔的靶场检验“鹰狮”的武器。

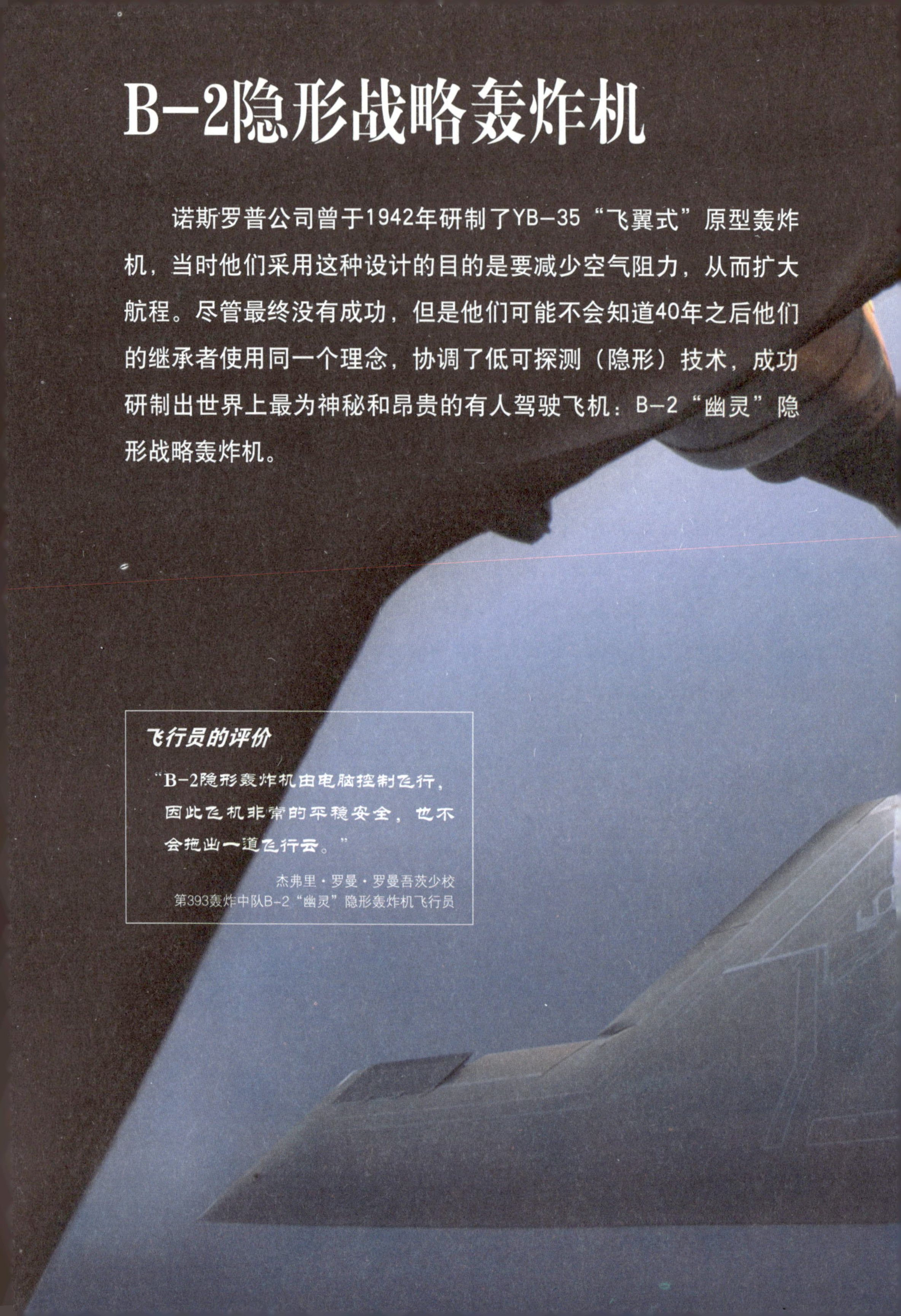

B-2隐形战略轰炸机

诺斯罗普公司曾于1942年研制了YB-35“飞翼式”原型轰炸机，当时他们采用这种设计的目的是要减少空气阻力，从而扩大航程。尽管最终没有成功，但是他们可能不会知道40年之后他们的继承者使用同一个理念，协调了低可探测（隐形）技术，成功研制出世界上最为神秘和昂贵的有人驾驶飞机：B-2“幽灵”隐形战略轰炸机。

飞行员的评价

“B-2隐形轰炸机由电脑控制飞行，因此飞机非常的平稳安全，也不会拖出一道飞行云。”

杰弗里·罗曼·罗曼吾茨少校

第393轰炸中队B-2“幽灵”隐形轰炸机飞行员

空中加油是B-2隐形轰炸机全球打击能力的重要保证，也是B-2的飞行员们必须日常练习的一项技能。

B-2轰炸机的“飞翼式”设计使其成为当今世界上最具标志性的飞机。就像人们怀着沉默敬畏的心态来看待协和式超音速喷射客机一样，“幽灵”也吸引了众多军迷的眼球，希望能够一睹庐山真面。

密苏里州的怀特曼空军基地是第509轰炸大队的所在地，下辖世界上仅有的两个B-2飞行中队，即第13轰炸中队和第393轰炸中队。

B-2轰炸机究竟是做什么的？第393轰炸中队一位英气十足的飞行员杰弗里·罗曼·罗曼吾茨少校说：“这是一架远程洲际轰炸机。我们赋予它四个关键因素：隐形性、远程、武器携带量大和精确打击能力。”

这四个属性使得美国空军具有强大的全球攻击能力。罗曼吾茨解释说，“这意味着从美国的中部怀特曼基地出发，我们可以打击非常多的目标，无论它身在何方，无论此行有多困难。我们的敌人知道这一点，但只能去接受这一现实！”

第十三轰炸中队的指挥官比尔·鲁迪·艾瑞吉中校在被分配到B-2轰炸机之前曾驾驶B-1B枪骑兵长达8年，在那段时期，B-2一直笼罩在一团疑云之中，别人很难一窥真容。他加入B-2就是想知道B-2上的两名机务人员如何去完成在B-1B轰炸机上需要四名机务人员才能完成的任务。他发现“B-1轰炸机要有专门的飞行员去驾驶飞机，有专门的武器系统操作员负责武器系统；而B-2轰炸机在飞行上要求不高，但是任务的精确度很高。B-2轰炸机的优势在于其隐形性，这样我们就能够在高海拔飞行。当你处于高海拔，你就有更多

左图：B-2轰炸机飞翼式的设计能够产生巨大升力。图中一架B-2远远地放下起落架，准备降落在内华达州尼利斯空军基地。

的时间来把握时机，集中精力处理可能面临的威胁。同时，我们会‘破门而入’，清除敌人的雷达和有威胁的武器系统，这样，像B－1B轰炸机这样的其他战机便能够跟随我们蜂拥而入。从这个意义上说，我发现这是一种完全迥异的作战方式：B－2轰炸机更像一头独狼，各自为战很少相互协作”。

飞行员训练

如果在接到命令后很快就能出动去执行任务，这就意味B－2轰炸机的飞行员必须充分地了解敌国以及他们将要去攻击的敌军部队。

“所有的空军飞行员都忙于了解敌人，因为我们的目标可能分布在世界上很多地方，而我们要能够到达世界上任何一个地方，因此B－2轰炸机的飞行员花费很多时间去研究世界上的不同地区。”罗曼吾茨说到。

罗曼吾茨在2004年转为驾驶B－2轰炸机之前曾驾驶过洛克希德·马丁公司的F－16战斗机，他解释说，B－2轰炸机执行的当然只是空对地任务。“我们能够使用各种各样的制导炸弹、核武器和精密制导武器。所有这些都属于空对地攻击范畴，但是不

下图：驾驶B－2轰炸机最具挑战性的一环也许就是飞机的着陆。普通战机的飞行员担心飞机着陆过程中会不会出现失速，但B－2飞行员却担心相反的问题——机翼的升力太大了。

[任务报告]

隐形轰炸机

B-2轰炸机成功的关键是其隐身特性。毫无疑问，美国空军对这个守口如瓶，但是罗曼吾茨这样说道："B-2轰炸机并不是无形的；隐形只是使这架飞机比其他规模相当的飞机有一个更小的雷达反射信号。这使B-2轰炸机相对于其他的飞机更容易深入敌人防线，去完成任务。"

B-2轰炸机的隐形能力源自本身的飞翼式设计，发动机进气口设在机身上方，采用复合材料和吸波涂料、三角形前缘的炸弹舱门，以及喷口温度调节技术降低飞机的红外信号。这样减少了飞机整体的雷达反射面积及其APQ-181雷达的截获概率。

下图：诺斯罗普的B-2"幽灵"轰炸机采用了多种手段来确保飞机的隐形性，但是针对可见光谱范围内的侦测手段，目前它最好的应对措施就是在夜间飞行。

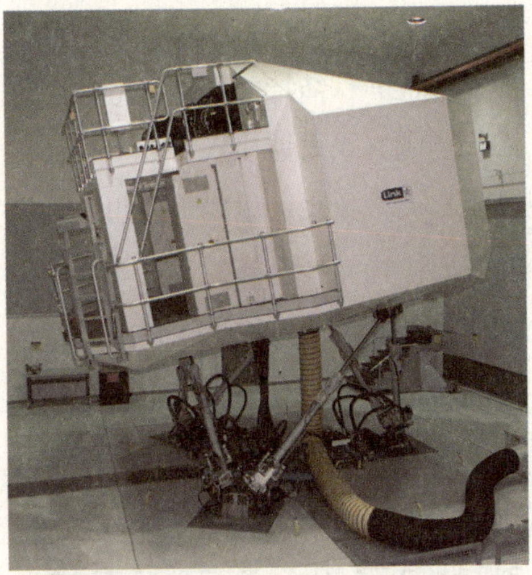

上图：这台全动态B-2乘员训练模拟器能够模拟B-2所有的任务，并能让飞行员练习各自的任务。飞行员还经常使用模拟器来保持状态，并练习持久飞行。

尽相同，每种武器的使用场景完全不同。每一位B-2轰炸机的飞行员都要训练并掌握这三种攻击任务。”

在怀特曼空军基地内，飞行员们广泛使用模拟器来协助自己不断地训练学习。

“我们使用模拟器的频率远超其他基地，我们的使用效率也更高。B-2轰炸机数量极为有限，这是个不争的事实。我们的模拟器非常好，帮助我们时刻准备战斗。”罗曼吾茨详细解释道。B-2轰炸机非常稀缺，仅存21架，并且飞行的费用非常昂贵，因此不难理解我们依赖模拟器进行训练。

罗曼吾茨解释说，“学习驾驶B-2轰炸机需要9个月到1年的时间。初始资格培训课程让你学习从基本的起飞和降落到空中加油以及真实地驾驶飞机。驾驶B-2轰炸机你要操作更多的武器，同时这些武器系统要比F-16战斗机上的复杂得多。因此，刚开始你要花费大量时间学习它的所有武器，以及如何操作和使用它们。”

没有副驾驶

当一名新B-2轰炸机的飞行员完成了初始资格培训课程，他就能胜任B-2轰炸机的所有任务。

罗曼吾茨澄清说，“在B-2轰炸机中我们的确没有副驾驶员，但是在执行任务时我们安排的是任务指挥官和飞行员。对飞行员而言，最关注的是飞行和飞机的导航，任务指挥官是负责炸弹运行、武器管理和攻击准备。B-2轰炸机的每一位飞行员都有能力执行这两种任务。因此不管你坐在哪里都不要紧，但是在登机之前的短暂时间内，我们要明确谁负责那些具体的职责。”

驾驶B-2轰炸机

作为一架飞翼式飞机，B-2轰炸机没有尾垂。对于飞机而言，尾垂是为了在侧飞中保持飞机稳定，允许飞机向左或向右侧滑。罗曼吾茨解释说，“B-2轰炸机是由电脑和电传飞行控制系统控制飞行，飞机非常安全稳定，也使得我们能够在没有尾垂的情况下飞行。B-2的每个机翼翼下都有刹车装置以此来控制飞机的侧滑。电脑开启装置就能产生阻力，实现飞机的侧滑。”

B-2轰炸机易于操作，但是它有一些独特的气动性能，罗曼吾茨解释道，“飞翼式设计让人对于飞行充满渴望。大多数飞机你要十分用心地轻轻往回拉操纵杆以降低飞机着陆的下沉率，但是B-2轰炸机你只需轻轻向前推动操纵杆就能控制机头向下使其着陆。”

航空电子设备和武器系统

为了使B-2轰炸机操作管理起来尽可能地简单易行，其宽敞的驾驶舱内装备了九个多功能显示器，给两名机务人员提供了大量的武器、飞行、导航和作战空间信息。尽管一系列难以置信的数据在任何时间对于飞行员来说都很有用，“但奇怪的是，你在执行任务的过程中永远不会觉得屏幕上显示的信息太过冗杂。”罗曼吾茨说道。

随着LINK-16数据链的新近接入，这就意味着B-2的两名机务人员

左图：第509轰炸机联队的B-2轰炸机飞行员进入战机宽敞的驾驶舱。“全球卫士”旨在练习美国空军有效阻止针对美国的军事打击的能力。

可以利用到更多的有效数据。特别是战区内其他飞机获取的诸如目标位置的实时数据、有威胁的部队和友军部队等相关数据都能加密传送给B-2。

上图：注意这张B-2轰炸机的特写照片中B-2战机上并没有常规战机上必备的用以接收信号、测量高度、攻角以及空速的突起天线。这并不意味着B-2轰炸机不需要它们，而是因为所有的传感器和天线都与机壳平齐。

全球定位系统导航

B-2轰炸机利用其上装载的全球定位瞄准追踪系统来发现目标并提取目标坐标。该系统综合使用了全球定位系统和在位于飞机机翼前缘下面的APQ-181雷达。

埃尔德里奇说，“具体细节大部分都是很保密的”，该系统除了一些表面瞄准和测绘模式外，“也能进行空对空扫描，同时更多采用战斗机雷达的搜索模式，这有助于我们找到加油机进行空中加油。”

B-2轰炸机携带一系列精确制导炸弹，这些武器既可以结合全球定位辅助瞄准系统和APQ-181雷达使用，也可以单独依靠武器自身的制导系统进行工作：B-2轰炸机在携带1000磅或2000磅等级的联合直接攻击弹药时，一次可轰炸16个目标；或者一次携带80枚500磅的联合直接攻击弹药。

埃尔德里奇确认了B-2即将装备AGM-158联合空对地防区外导弹，“这个会使我们拥有更出色的防区外能力，”他继续总结道：“因此我们能够使用联合空对地防区外导弹实现防区外精确打击，使用联合直接攻击弹药进行精确轰炸，我们也能携带2268千克（5000磅）的EGBU-28掩体粉碎机这样的超级炸弹。EGBU-28掩体粉碎机能够击中一系列全球定位系统定位到或者被某人用激光标定到的目标。”

破纪录的任务

与B-2轰炸机与众不同的外观相匹配的是它那非比寻常的长程任务，它的执行能力是实现“全球到达，全球打击”这一口号的保障。

到目前为止，B-2轰炸机最长的作战任务是在2001年10月令人难以置信的44个小时不间断的连续飞行，精确地攻击阿富汗一个塔利班的据点。完成任务返航时在迪戈加西亚岛做一个简短的停留。2003年3月，以美国为首的联军进攻伊拉克时，B-2轰炸机直接从怀特曼空军基地飞到伊拉克。

罗曼吾茨说，在B-2轰炸机弹射座椅的背后为飞

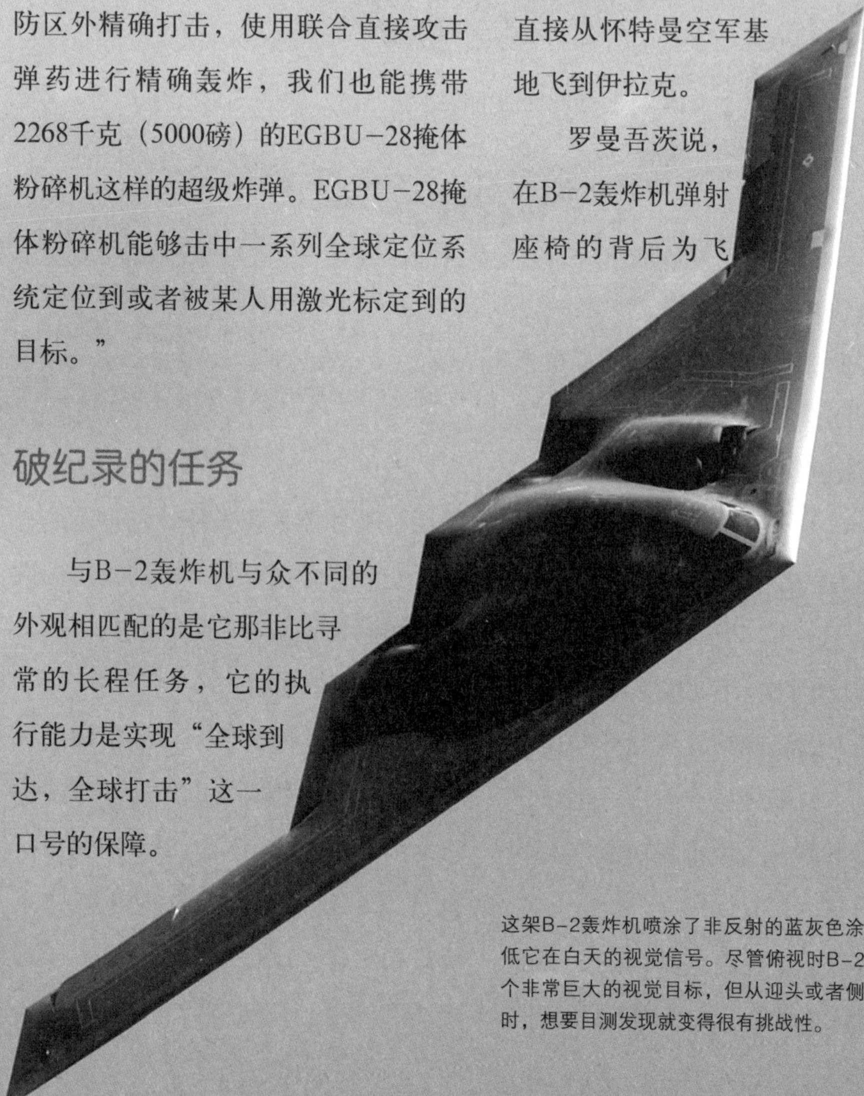

这架B-2轰炸机喷涂了非反射的蓝灰色涂装有助于降低它在白天的视觉信号。尽管俯视时B-2轰炸机是一个非常巨大的视觉目标，但从迎头或者侧边方向来看时，想要目测发现就变得很有挑战性。

行员安放了一个睡袋或帆布床。“在执行这些长程任务中安排好自己的睡觉周期是非常重要的，这能确保你在飞往目标的过程中以及袭击目标时，都处于清醒和警惕的状态。有另外一个人在驾驶舱内谈话也有很大的不同，能确保你按时起床并可以活动下筋骨。”

B-2轰炸机每次至少可以飞行70小时，这些时长是根据四个发动机在不更换润滑油的情况下的连续工作时间而定的，实际上目前的飞行极限定为50个小时。依据罗曼吾茨言，这是为飞机的未来升级而考虑的。

上图：B-2轰炸机最明显的“阿喀琉斯之踵”在于它的雷达吸波涂层必须保持最佳状态以保证它小的雷达反射信号。毋庸置疑的是，在经常起飞以保持“幽灵”轰炸机飞行员状态和停在地面以保护飞机涂层两者之间必然有一个完美的把握度。

下图：B-2轰炸机的后缘控制面可以作为一个单一的控制面（就像副翼）来控制飞机的滚转，也可以向蚌壳一样分开来使飞机侧飞。

B-2轰炸机在战场

B-2轰炸机首次参加实战是在1999年3月24日，2架B-2从怀特曼空军基地起飞，经过31小时连续飞行、两次空中加油后，向南联盟的目标投放了32枚907千克（2000磅）联合直接攻击弹药。在整个科索沃战争中，B-2轰炸机共出动45架次，投放了656枚联合直接攻击弹药。

2001年10月，对抗阿富汗的“持久自由行动”的头三天内，B-2轰炸机载入了史上最长的连续作战史册。现任第13轰炸中队队长的埃尔德里奇时任B-2轰炸机训练中队的武器和战术指导，曾于2001年10月10—11日执行了这个40.2个小时的飞行任务。

“在战斗的第三天我飞入阿富汗境内，我们携带了14枚GBU-31型2000磅（907千克）的联合直接攻击炸弹和两枚GBU-27‘宝石路’激光制导炸弹（EGBU-28掩体粉碎机的前身）。因为这项任务航程太远，因此在起飞时我们并

未接到确切的任务目标，而是当我们临近阿富汗时通过机载空中警报控制系统将目标传递给我们。我们的目标是坎大哈附近的一个恐怖分子训练基地。这个秘密基地主要负责保卫这里的雷达和可用的飞机场，两天前，我军曾袭击过此地，但是现在我们要继续袭击恐怖分子的指挥和控制中心。

“几乎两天时间都待在驾驶舱内是很难熬的，但是我们在怀特曼基地有一支生理学家和空间医学家团队，他们会为我们准备好一切，并且在任务完成之前会告诉我们太阳什么时候升起，什么时候落山，谁应该先睡，并于何时睡觉，还有很多很有用的信息。我们也有营养计划和专门的飞行伙食，这些都有助于成功完成这项任务。”

此次任务中，B-2轰炸机从怀特曼空军基地起飞，不间断飞行40个小时左右抵达阿富汗，但是在飞机返回怀特曼空军基地更换机务人员的途中他们在迪戈加西亚岛做了短暂的停留。

埃尔德里奇继续说：“我的妻子知道我会加班制订任务计划，但是我不能告诉她实际上我正在执行任务。我只是收拾好我的包，告诉她我不得不离开几天。”当我们到达目的地并在迪戈加西亚着陆，我的上司给她打电话说，‘鲁迪的脚已经干了’（指的是在陆地上飞行。‘脚是湿的’是指飞越海洋），让她知道我是安全的。只是几周之后，她会来问我：‘那到底是什么意思？’她并不清楚我上司告诉她的话到底指什么，她只知道这是好消息！”

左图：尽管B-2轰炸机已经牛刀小试，参与了阿富汗和伊拉克的战争，它原本设计能够应付复杂得多的威胁：由前苏联带来的威胁。

“台风”战斗机

作为英国、德国、意大利和西班牙四国合作项目的成果，“台风”战斗机成为这些国家在未来岁月里航空兵的开路先锋。“台风”拥有强大的制空能力，可堪与之媲美的只有美国空军的F-22“猛禽”战斗机，高度灵活的“台风”战机同样也擅长远程突防任务。

飞行员的评价

“驾驶欧洲战斗机是我飞行员职业生涯中最辉煌的时刻。即使对于一名F-16战斗机飞行员来说，‘台风’的强大也让人印象深刻。”

弗洛德·安德烈·埃文森少校
挪威F-16飞行员，美国空军测试飞行员学校毕业

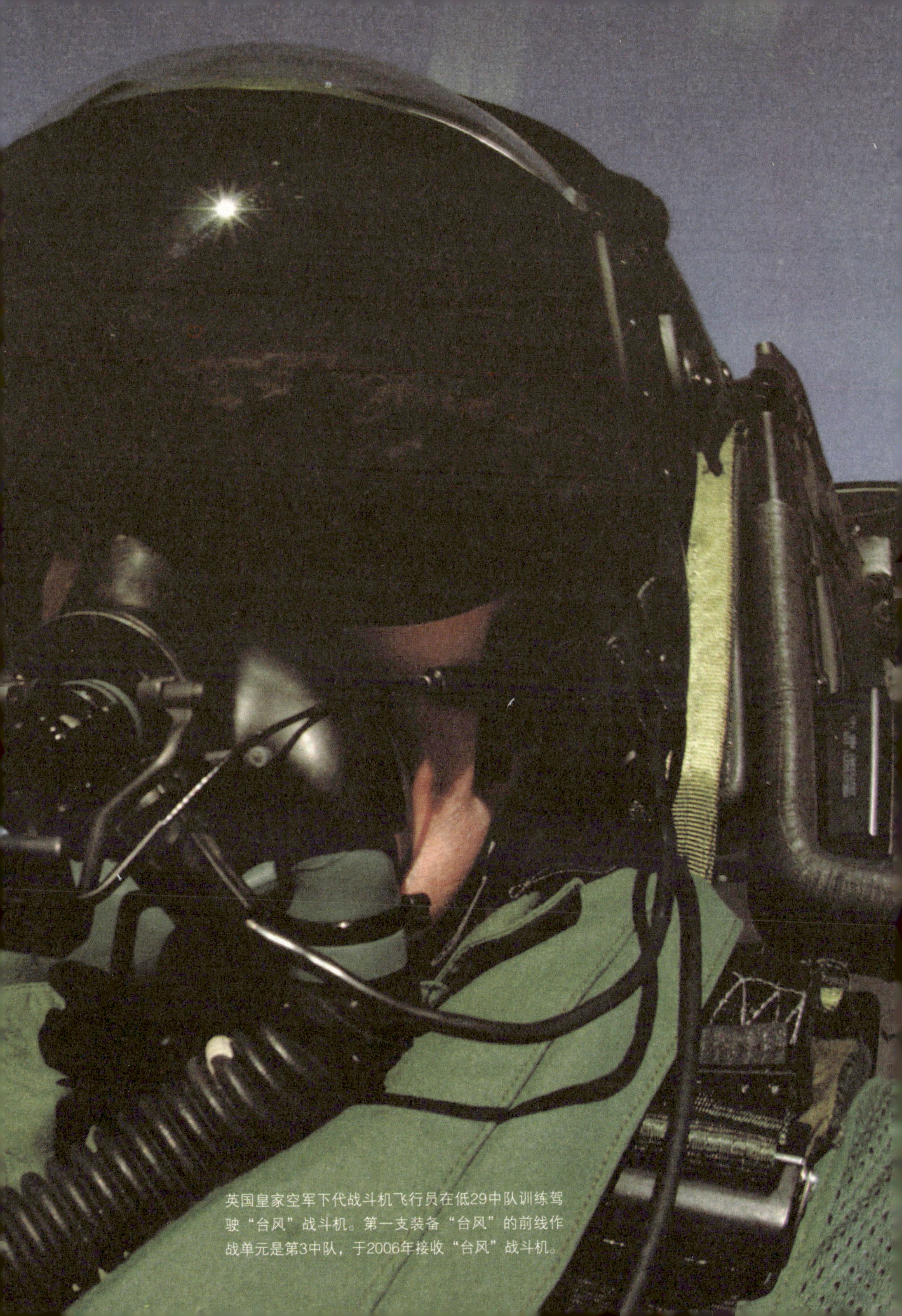

英国皇家空军下代战斗机飞行员在低29中队训练驾驶“台风”战斗机。第一支装备“台风”的前线作战单元是第3中队，于2006年接收“台风”战斗机。

第一个驾驶“台风”战机执行实战任务的是意大利人，他们利用“台风”战机为2006年都灵冬奥会提供空中保护。早期的“台风”单座机型是第一个具备武器发射能力（主要围绕“阿姆拉姆”空对空导弹和AIM-9L“响尾蛇”导弹的发射能力）的“台风”战机，也配备了最初型号的防御辅助子系统自卫装备。

尽管早期发展可谓几经坎坷，但是欧洲台风战机——在一些国家称之为EF2000战斗机——最终在政治波折中幸存了下来，并成为最有前途的“下一代”战斗机。据生产商透露，“台风”战斗机的订单已经超过任何一个直接的竞争对手，同时一系列的设计改进使得每批次产出的飞机性能都有所增强，并不断交付英德意西四国及其他海外客户使用。

“台风”战机最初的假想敌只是苏联的米格-29和苏-27战斗机，因此在飞机的设计上强调非常高的机动性。这主要是通过结合复杂的电传操纵飞行控制系统与不稳定的鸭式三角翼气动布局来实现的。

英国皇家空军（RAF）第三飞行中队的安迪霍基中尉简单概述了一些台风战斗机空战方面有利的特性：

“稍高一点的座位使飞行员在空战中有开阔的四周视野，一览无遗。飞机的翼展使得我们的转弯半径很小，这同样有利于空战……同时我们还有两个巨大的发动机，飞机动力非常强劲。”

“台风”战斗机的动力和灵活性本身不能保证其杀伤力。飞机还配备了专门设计的“捕获者”多普勒雷达。“捕获者”是一个真正的多模式装备，飞行员能够在空对空模式和空对地模式之间切换，在进行跟踪、识别和判定威胁优先级时能够自动选择频率。除了雷达装置之外，“台风”战斗机的飞行员还配备一套被动传感器——即为被动红外机载跟踪装置，内含一个红外扫描搜索和跟踪系统和一个前视红外组件。

英国航宇公司的“台风”战斗机试飞员克雷格·彭赖斯曾驾驶过F-14战斗机、F-15战斗机、F-16战斗机、F/A-18战斗机和米格-29战斗机，他有资格来比较评判这些战斗机。“很多人都觉得战斗机就是像F-15那样的飞机

下图：2006年7月，德国空军开始为JG 74联队换装“台风”战斗机。这是德国空军第一支使用“台风”战机的空中防卫联队，接下来的是JG 73‘施泰因霍夫’联队，它负责战术训练和评估。最终，德国会将绝大多数的“狂风”IDS对地攻击型机群都替换为“台风”对地攻击型战机。

“变角色”

“台风”战机Block 5将首先拥有一个“简单的”对地攻击能力，尽管这只是由英国皇家空军开发的。英国皇家空军表示将升级其拥有的第一批“台风”战机，使之最终能够携带“宝石路”激光制导炸弹和改进型的“宝石路”激光和全球定位系统制导炸弹（LGBs）以及“利坦宁III”激光指示吊舱。这将会更有效地替代在英国皇家空军的服役的“美洲虎”战机——能够进行远程精确打击并返回到基地。有了“利坦宁III”吊舱，“台风”战机的飞行员能够自我引导激光制导炸弹攻击目标，或者同一编队的飞机能够相互帮助准确定位目标。

“宝石路”炸弹

使用改进型的“宝石路”激光和全球定位系统制导炸弹时，飞行员可以选择两种制导模式——激光指示器或者全球定位系统，后者具备全天候作战能力。飞行员通常选择激光制导模式来摧毁移动的目标或进行远程引导。同时，选择全球定位模式来打击已知坐标的目标以增加准确性。

随着2010年台风Tranche2/Block10开始交付使用，“台风”战机的空对地作战资格将会进一步改善，具备在昼夜和不利天气精确攻击的能力，德国、意大利和西班牙的“台风”编队也将做类似升级。根据“变角色”的理念，执行对地攻击任务的“台风”战机有能力挂载六枚激光制导炸弹、四枚中程空空导弹和两枚短程空空导弹，并能携带外部油箱。

“台风”战机挂载了六枚“宝石路”II激光制导炸弹、两枚AIM-9响尾蛇导弹，以及一个中心线燃料箱试飞完毕后，试飞

右图：最早交付客户使用的“台风”战机只具有单一的制空能力，例如图中这架只装备“阿姆拉姆”空对空导弹和“响尾蛇”空对空导弹的“台风”战机。“台风”战机一直希望能够拥有同样强大有效的对地攻击能力，甚至飞行时就可以根据需要可以切换任务类型。

员马克鲍曼说道：

“‘台风’战机先进的飞行控制系统使得它即使有如此沉重的战斗载荷，飞行员仍然能够进行‘无忧’操控，你大可放心，飞行电脑会处理好飞机的每一次的滚转和旋转动作。”

上图：“台风”战机逐渐扩大了其空对地作战的可选择性，以达到一个真正的多角色能力。图中可以看到在战机左右两侧鸭翼下分别陈列着“金牛座”巡航导弹和“风暴阴影”巡航导弹，它们都属于“台风”战斗机庞大的武器库的一员。

新的武器装备

最重要的是，Block 10飞机将能携带防区外精确武器，主要是英国的“风暴阴影”巡航导弹和德国的“金牛座”巡航导弹，以及英国皇家空军的“硫磺石”反装甲导弹。Block 10-15的其他武器可能将包括全球定位系统制导联合直接攻击炸弹、一枚或更多的反雷达导弹以及像美国的“鱼叉”导弹或挪威的“康斯博格”海上打击导弹这样的反舰武器。Block 10飞机也进行程序修改使之飞行员一次出战能够攻击多重目标，而目前英国皇家空军的Block 5只能攻击单一的目标。

这远非“台风”战机“变角色”改进的终点，Tranche 3版本正在计划之中，也将肯定增强精确攻击能力。台风Tranche 3在某种程度上也可具备“隐形”的特点以避开敌人雷达的侦察，加之飞机有效载荷的提升和作战半径的增加将使飞行员在一次任务期间能够深入地方领空攻击更多的目标。飞机也可使用保角油箱。

附加角色

“台风”Tranche 3的雷达改进将会引进一项新的侦查能力，飞行员在一次出击过程中可以变换执行制空、对地攻击以及侦查任务。“台风”战机也可能试图发展压制敌方防空火力的机型，该机型可用于侦察、定位，然后压制敌方防空力量。

“台风”战斗机的制空任务

基本型的“台风”Tranche1/Block 1型在四个伙伴国家共列装了31架双座机型，主要是用于训练和发展飞机，但也有能力执行有限的空对空任务。Tranche 1完工后，随着Block 5的出现，“台风”战机的制空能力将凭借着新增的改良型AIM-120C-5高级中程空对空导弹和为飞行员设计的声音输入系统而有所提高。此外，除了德国列装的台风外，所有的Block 5将会装备完整的“频谱防御辅助子系统”（DASS），其中包括一个拖曳式的雷达诱饵；也将配备由一个红外扫描搜索和跟踪系统和一个前视红外组件组成的被动红外机载跟踪装置。

“台风”Tranche 3型最终将引入“流星”超视距空空导弹（BVRAAM）、一个再次改进的防御辅助子系统（DASS）和极为先进的飞行员头盔。“流星”导弹将大大地增加战斗机的杀伤率，使飞行员借助于导弹的吸气使马达与敌机在视距外交战。

着眼未来，“台风”战机可能在Tranche 3型上加装推力矢量发动机，这将使飞机的敏捷性达到一个新的水平，例如，能够在一些极端的姿势下发射大离轴角导弹。

下图：图中这架“台风”战斗机有着Ala 11标志，说明该机隶属西班牙皇家空军的CE16.113中队。

各国最初装备“台风”情况			
国家	部队	基地	服役时间
英国	第17中队	科宁斯比	2003年12月18日
德国	第73“斯坦霍夫”联队	罗斯托克-拉格	2004年4月30日
意大利	意大利第九暴风雨联队	格瑞斯特	2004年3月29日
西班牙	西班牙亚拉巴第113联队	莫尔诺	2004年5月27日
奥地利	航空监视派对	采尔特韦格	2007年7月12日

（很成熟）……而‘青少年时期’的战机的飞行员将告诉你自己独特的飞机的好处，但是当你都驾驶过它们就会很难注意到它们之间任何独特性能。当你体验‘台风’战机你无需用测力计或者秒表来测量飞机性能的不同，你能够感觉到它们。你能从‘台风’的航展表现上看出，它是一架高度灵活的飞机。它能很快改变它的动力状态，再加之它高的滚转率和小的转弯半径，堪称一架卓越的战斗机。”

灵活的多任务能力

制空任务只能反映“台风”战机能力的一部分，它已经改进了航电系统并加装一些硬件设备以执行空对地任务。这最终将使飞机可以执行“变角色”任务：在一次单程的出击中既能执行制空也能执行攻击任务。

强大的发动机

在开启完全加力燃烧的状态下，“台风”战机的两台EJ200涡轮发动机可以推进飞机在5～6秒钟内从跑道起飞，并垂直爬升，同时也为飞行员在空战中提供了足够多的力量，正如阿莱尼亚航空航天公司的首席试飞员里齐奥·切利所描述的：

“我已经驾驶飞机飞行了整个飞行包线，我体验过飞机的最低速度，也曾加速至2马赫，我也曾爬升至5.5万英尺的高空（1.675万米）。这是我体验过的最棒的发动机，推力太强大了。”

此外，发动机也允许飞行员在特定的状态下实现“超音速巡航”，不开加力燃烧的情况下就能让飞机飞行

速度达到1.2马赫。

欧洲宇航防务集团的首席试飞员沃尔夫冈·斯查德沃继续说：“台风战机的推力很大，阻力很小。从800千米/小时加速至1.2马赫的能力强于所有的已知机型。一旦我们以超音速飞行，我们可以不使用加力燃烧室来维持它。

“这架飞机被设计在任何速度下都具有空气动力学不稳定性，这意味着只能借助于电传操纵系统来控制它。这就是为什么飞机做机动动作时加速力很大。因为过载的突然增加，我们必须要小心飞行员会不会出现过载昏迷。这就是我们采用一个综合的防重力的系统来保护飞行员的原因。

“就旋转半径和滚转率而言，我们肯定比F-16战斗机更好。此外，飞行员可以不假思索地充分利用飞机的敏捷性，因为电传操纵系统在任何情况下都保持飞机在其空气动力学的极限范围内。我们不会很快就耗尽能量，或者说我们能够很快重新获得充足的动力，这都要归功于飞机强大的发动机。EJ200发动机从空转到全力开动只需要不到5秒时间。”

自我保护

在战时，旋风战机的飞行员可以要求加装一个复杂的电子战自我保护套件，称为“频谱防御辅助子系统”（DASS）。飞行员的整体意识借助于信息分发系统（MIDS）得到进一步提高，通过一个安全的数据链接使8架台风战机共享战术信息，同时也与地面的战地指挥所和空中早期预警和控制（AESW/C）飞机交换数据。

英国皇家空军计划为四个空中防卫中队配备“台风”战斗机。图中这架战机是双座的“台风”T.MK1型，涂装的是第29中队的颜色。

毕业于美国空军飞行学院前挪威F-16战斗机的飞行员，现为“台风”战斗机试飞员的埃文森少校说道：

“驾驶‘台风’战机是我试飞员职业生涯的一个亮点。即使在一名F-16战斗机的飞行员来看，‘台风’战斗机的最大功率是绝对令人印象至深。它是我所驾驶过的最容易着陆的飞机。”

就整体性能而言，“台风”战机可能逊色于昂贵的F-22猛禽战斗机，但它代表着第四代战斗机一个重大的进步，堪称西方空军的中流砥柱，也具备无与伦比的增长潜力。

飞行员的评价

“‘台风’战机发动机的性能和在高海拔和高速度下，也即在现代的超视距空战中的操作性令人印象尤为深刻。”

克里斯·沃宁
欧洲宇航防御集团的军事航空系统欧洲战机计划飞行员
德国人

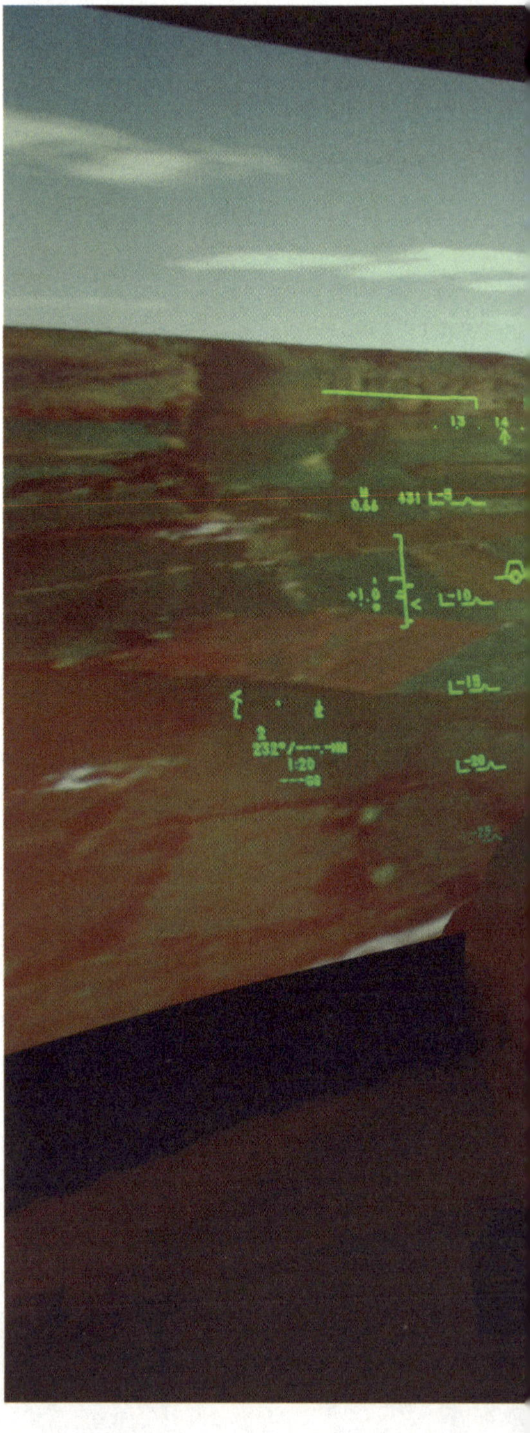

右图：目前英国皇家空军的“台风”战机的使用主要集中在科宁斯比空军基地，那里的欧洲战机驾驶舱演示器是一个重要的辅助训练设备，能为飞行员提供各种各样逼真的模拟任务场景。

超级大黄蜂

F/A-18E/F“超级大黄蜂”是对最初的F/A-18A/B/C/D“大黄蜂”进行大量改良的型号。单座的F/A-18E战机和双座的F/A-18F战机都被飞行员和武器系统操作员叫做“犀牛”，这得名于它巨大的、灰色的机身，而且对敌人来说危险性十足。

一架VFA-41“黑王牌”中队的F/A-18F战斗机正在波斯湾执行任务。这架飞机携带了典型的“全球反恐战争”武器套装，包括翼尖挂载的AIM-9X“响尾蛇”导弹，翼下挂载的“小牛”空对地导弹，进气道下方安装的AAQ-14夜间低空导航和红外瞄准系统“蓝盾”吊舱，以及一个1400升（370加仑）的副油箱。

飞行员的评价

“我对‘超级大黄蜂’的期待值很高，但它方方面面都超出了我的预期。飞机整体而言棒极了。”

科里·普理查德中校
加利福尼亚州勒莫尔海军航空兵站VFA-115“老鹰”飞行中队飞行员

埃德·“斯皮德”·维兰中尉总结了“超级大黄蜂”和“大黄蜂”之间的主要差异，“更强的动力，更多的能力，更好的雷达，更小的雷达反射面，更多的燃料，更有效率的发动机，更高的机动性；为未来升级提供空间的几十立方英尺的真空区，也能够携带更多的武器。”

美国空军的一名交换飞行员克里斯·“埃尔伍德”·埃文斯少校与美国海军一起驾驶F/A-18E/F“超级大黄蜂”，他曾是一名经验丰富的F-15E攻击鹰战斗机飞行员，详细地阐述了“超级大黄蜂”的一些出色的细节：“‘超级大黄蜂’升级了航空电子设备，也配备了先进的ASQ-228高级瞄准前视红外仪（ATFLIR）和有源相控阵（AESA）雷达。然而，最大的改进是机体能够承载1万磅（4535千克）的载荷在船上降落。”

另一名“超级大黄蜂”的飞行员皮特·摩根中尉说单座和双座模型之间主要的差异在于“它们自动化的风格：‘E’和‘F’能够执行同样的任务，但F/A-18F中队可以执行两项重要的任务——空军前进引导员（FAC）和救援任务指挥官（RMC）。FAC就是空军前进引导员，要求有两名机务人员。RMC是救援任务指挥官，是整体空中搜索和营救任务协调员。”

他说，这是由于“两名机务人员的配置与上述两种大工作量的任务的契合度更高。当武器系统操作员集中精力于像先进瞄准前视红外（ATFLIR）这样的传感器或者将目标坐标输入到联合直接攻击弹药（JDAM），联合防区外武器（JSOW）或高速反辐射导弹（HARM）上时，飞行员便可抽出更多的时间来寻找地面上对飞机可能存在的威胁，这样一来，地对空任务效果就会好一些。”

联合直接攻击弹药（JDAM）、AIM-154联合防区外武器（JSOW）、激光制导炸弹（LGB）和“雷达探测”AGM-88高速反辐射导弹（HARM）是“超级大黄蜂”的主要武器。

“‘超级大黄蜂’使用联合直接攻击弹药（JDAM）和激光制导炸弹来破坏地面目标，联合直接攻击弹药（JDAM）拥有‘全天候’的能力，而激光制导炸弹（LGB）则需

在佛罗里达州基维斯特空军基地训练期间，摄像头摄下了一架第9美国海军空中测试和评估中队的F/A-18F掠过上空的照片。

要使用像前视红外传感器（FLIR）来发现目标或者有地面指引。联合防区外武器（JSOW）不同于联合直接攻击弹药（JDAM）、激光制导炸弹（LGB）和非制导炸弹，主要用于远程发射。它也有一个较低的雷达反射面，使用全球定位系统制导，因此打击的精确度更高，减少了不必要的伤亡，同时摧毁一个给定的目标需要的弹药更少。最后，高速反辐射导弹（HARM）是用来压制和摧毁地对空导弹发射台，如此，攻击机便可长驱直入，摧毁敌军目标。”

多重角色战斗机

“超级大黄蜂”的多功能性以及执行多重任务的能力使之成为一架理想的航母舰载机，也成功吸引来了国际客户，其中第一个就是澳大利亚皇家空军。

维兰同意这一观点并评论道，

“‘超级大黄蜂’是一架多用途战机，能完成所有战斗机/攻击机所能做的。美国海军充分利用了该机的全部功能，让其充当空对空和空对地的角色，同时超级大黄蜂也携带空中加油系统成为航母舰载机的空中加油机。”

可以承担攻击、战斗和加油任务的能力，对“超级大黄蜂”来说是有利有弊。陆基战机有专门的机型和飞行中队来执行特殊任务，因此在各个位置上都堪称专家。例如，美国空军奢侈地专用F-15E战斗机和F-16CG战斗机进行精确攻击，使用F-16CJ战斗机压制或破坏敌方防空火力（SEAD/DEAD），使用F-22A猛禽战斗机和F-15C鹰式战斗机进行空空作战；而“超级大黄蜂”则要完成所有这些任务。

当问到“超级大黄蜂”什么都会但都不精通时，摩根回应道：

“不幸的是，你想要精通所有的任务类型，那么当你练习其中一种时，就会很长时间不练习其他的方面。F/A-18战斗机是一架很仁慈的飞机，易于飞行，易于操作。你要做

下图：一架VFA-27F“皇家神锤”中队的F/A-18E战斗机在两台通用电气F414-GE-400涡扇发动机的推动下飞离“小鹰号”航母甲板。

很多的任务准备工作，好在它能够完成几乎所有的任务。我们有一个培训基地确保你在所有任务类型上都有一定程度的掌握。培训基地能够保持你在所有任务上的通达性，然而，我们中的大多数人宁愿花费更多时间去练习‘基础战斗机动动作’（BFM），也不愿去训练空中加油任务。”

摩根个人最喜欢的任务是“自护航袭击任务。你突破敌军空中防空力量，也可能是地面防空力量，然后向目标投放炸弹，然后再杀出重围返航。这种任务中可能涉及你平时训练过的所有任务形式，包括空对空作战、空对地作战，以及基本战斗机动”。

驾驶舱显示器

“超级大黄蜂”的多任务能力得益于其卓越的驾驶舱，配备的多功能显示器给飞行员和武器系统操作员提供大量的信息。“这使我们在战时处理问题速度更快，同时也可以利用这些数据来锁定更多的敌军目标。”埃

下图：一架VFA-103“海盗旗”中队的F/A-18F“超级大黄蜂”战斗机降落在“艾森豪威尔”号航母甲板上，注意它垂直尾翼上注明的“海盗旗”涂饰。

[任务报告]

空中加油机

美国海军舰队退役了老化的KA-6D“入侵者”加油机，暂时用S-3“海盗”来弥补空缺。然而，海军知道老的“海盗”加油机也快完成服役年限即将退役，因此需要一个更持久的解决方案。

解决方案就是F/A-18E/F战斗机。在其作为“兄弟运油机”的角色中，它使用外部的加油箱和一个内含浮标的可移动吊舱，这样就可用来给海军的所有军用战机进行空中加油。“每个航母编队必须要有自己的空中加油机，”维兰确认道，“这是理所当然的事，我们不能完全依靠美国空军来对我们的战机进行空中加油……那太麻烦了……”这项任务至关重要，因为战机如果不想频繁地在航母上降落通常需要将油箱加满，以免发动机缺少燃料以及熄火，这样便使得弹射起飞成为唯一的选择。

埃文斯补充说，“超级大黄蜂”的加油作用也能在危险的战场环境中得到更积极的开发利用。例如，“F/A-18战斗机也可以扩大海军攻击力量的覆盖范围。”此外，“超级大黄蜂”加油机抛弃了挂载的副油箱和相关设备后，也会成为危险的斗士。相比于此前的“入侵者”或“海盗”加油机，它能更接近战区的边缘。

下图：一架EA-6B“徘徊者”舰载电子战飞机在太平洋上空接受一架VFA-137“茶隼”中队的F/A-18E“伙伴加油机”的空中加油。

文斯解释道。

摩根说超级大黄蜂上的触摸式前端控制显示器（UFCD）相比于“老式”大黄蜂的按钮控制器来说是个很大的改良。“触摸式显示器很好，你可以把它用作显示器或者触控板。在F/A-18C战斗机上，键盘占据了飞机内首要的位置。你的正前方的一个显示器使你很容易看清楚你的所在位置。你不需四下观望，抬头便能浏览显示器也是很方便的一件事。这个触控板也控制几乎所有的航空电子设备，省去了驾驶舱内的许多开关和插座。我发现它（触控板）非常可靠。单纯地驾驶飞机飞行时，你不需要使用触控板上的任何东西，因为‘大黄蜂’有手不离杆操作系统（HOTAS）。它能完美地协助你驾驶飞机。”

F/A-18F战斗机的驾驶舱有两个多功能数字显示指示器（DDI）、一个多功能彩色显示器（MPCD）和一个前端控制显示器（UFCD）。所有这些显示器都可以显示信息，它们是如何配置以便飞行员和武器系统操作员去甄选融汇呢？

“对于后座的武器系统操作员，通常前端控制显示器（UFCD）就相当于抬头显示器，多功能彩色显示器（MPCD）上显示配备整体战术图片的移动地图，多功能数字显示指示器（DDI）上显示雷达信号。对于前座而言，除了因为有一个专门的抬头显示器（HUD），前端控制显示器

下图：“罗纳德·里根”号航母飞行甲板上的F/A-18E战斗机做起飞前的最后检查。图中可以清晰地看到“超级虫”改进后的平行四边形进气道，这种设计旨在降低飞机的雷达散射面积。

[任务报告]

“超级大黄蜂”的有源相控阵(AESA)雷达

“超级大黄蜂”是在美国现役战机中第三个使用有源相控阵（AESA）雷达的喷气式战斗机，其余的是F-15C“鹰式”战斗机和F-22A“猛禽”战斗机。

目前，F/A-18E/F使用的是APG-79有缘相控阵雷达，该雷达不是使用传统的液压驱动平面阵列来移动单一的雷达射束，而是使用数量众多固定模块来发送和接送细如铅笔杆的波束。各种各样的波束同时以极快的速度传送。

据克里斯·埃文斯言，对于“超级大黄蜂”的飞行员和武器系统操作员来说，这意味着：“没有移动的部件，但有高功率的输出并能高精度地追踪大量目标”。在空对空交战中，该雷达可以使“超级大黄蜂”很远就发现目标。在空对地交战中，该雷达系统可提供很远的防区外范围高分辨率地面地图，也能够追踪远距离的地面目标。得益于其新雷达，“超级大黄蜂”也降低了被侦测概率。因为它的扫描非常地快速、准确，很难被敌人发现。同样，它快速、细如铅笔杆的雷达波束使得敌人的雷达接收机不容易感知“超级大黄蜂”的确切位置，如果他们没有感知到它的雷达波，就很难对其实施破坏性的电子干扰。即使遭遇干扰，APG-79也应该有能力穿透它。

下图：“超级大黄蜂”正在引进的APG-79雷达使得它的对敌杀伤率和战斗存活率得到急剧提升。图中这架F/A-18F战机隶属VFA-41“黑王牌”中队。

上图：舰载机群的“空中加油站”：这架F/A-18F“伙伴加油机”隶属VFA-2“赏金猎人”中队。“赏金猎人”中队装备了很多架“超级大黄蜂”战斗机，此前则是F-14“雄猫”战斗机。

（UFCD）可以用来显示别的传感器信息[如电子战或战术前视红外吊舱（ATFLIR）的信息]外，其余的显示器布局与后座极为相似。这些显示器无疑提供很多有价值的信息，同时你要花费很多时间去习惯在什么时间和什么地点能找到想要的特殊信息。就我个人而言，信息当然越多越好。”

摩根说它最近驾驶“超级大黄蜂”飞行时曾在后座搭载一名F-15C“鹰式”战斗机的飞行员，说道：“他（F-15C的飞行员）对（“超级大黄蜂”）驾驶舱内有这么多的有用信息感到非常惊讶。”

联合头盔指示系统（JHMCS）

“超级大黄蜂”新增了联合头盔指示系统（JHMCS），将武器数据和信号输送到飞行员和武器系统操作员的头盔里面。这个装置“当它技术完全成熟时会彻底改变我们的能力”，维兰阐明道。埃文斯表示赞同：“配置了联合头盔指示系统（JHMCS），你可以看到地面上的目标，然后直接调整战术前视红外吊舱（ATFLIR）指向到你所看到的。每个人都在讨论在空空缠斗中联合头盔指示系统（JHMCS）的重要性，但是目前在进行近距离空中支援时它致命的杀伤力已经得到显现。”

摩根进一步解释，“联合头盔指示系统（JHMCS）带来的最大的优势是你能看到抬头显示器中显示不了的信号。在空对空的作战环境中，通常情况下是把机头指向敌机后才向它发射导弹。而使用了联合头盔指示系统（JHMCS），如果你可以看到某人，你就可以发射导弹，击毙他（看哪打哪）。在空对地的作战环境中，为了寻找目标，你只能用机头指向它。由于抬头显示器只有一个大约十度的视野，很多时候大受限制。还有可能使你的机头降到最低的安全高度以下。由于有联合头盔指示系统（JHMCS），你可以标出偏离机头很远的目标。它也可以使你精确地看到目标所在位置。后座的联合头盔指示系统（JHMCS）可以使武器系统操作员获得飞行员的视野，看到飞行员所见的地方，这也省去了大量的有关飞机位置的通信交流。”

上图：美国海军“林肯”号航母上，机械师正在调试一架VFA-137“茶隼”中队的F/A-18E战机驾驶舱内的仪表。“超级大黄蜂”充分利用了近年来的先进航电技术，装备联合头盔瞄准系统（JHMCS）。该系统可以用来引导AIM-9X“响尾蛇”红外制导空对空导弹。

下图：F/A-18E/F战机超越其前身最主要的优点之一是其加大了的燃料容量，大约比“老式”“大黄蜂”战机增加了33%。因此这架F/A-18E加油机满载5个外部副油箱，并安装了“伙伴”加油吊舱。

F-22战斗机

作为金钱能买到的最好的战机，F-22战斗机拥有凌驾任何对手的绝对优势。在经历二十年的研发后，“猛禽”战斗机于2005年10月投入使用。

飞行员的评价

“它是战斗机飞行员一直追求的梦想。它在飞机的性能上做到了面面俱到，事实上，它几乎擅长所有作战领域。它的动力和速度绝对一流。”

麦克·“多兹”·沙沃中校
F-22战斗机中队指挥官

一名“猛禽”战机的飞行员接受媒体的采访。媒体一直对F-22A战机很感兴趣，但战机大部分的能力和战术仍将保密数十年。

从一开始，“猛禽”战斗机采用了尽可能多的低可探测技术以此保护自己，同时兼顾其发现、识别并击落未来数十年内敌方最优秀战机的作战能力。

隐形性、速度和高度

埃尔门多夫空军基地的“猛禽”战斗机中队指挥官麦克·“多兹”·沙沃少校指出F-22战斗机的隐形性能是“迄今为止飞机的最大的优点和最具革命性的特点”。他说，这是因为，“如果我能优先发现我的对手，在他能看到我之前能很好地追踪并射击他，那么我在交战中就拥有绝对的优势。就如同在拳击台上和一个看不见的对手打架一样，你甚至还没弄明白是什么击中你之前，就已经躺在地面上。”

“猛禽”战斗机的隐形性能非常

下图：一架F-22A战机在内华达州沙漠中的辽阔的实验场上空飞行。“猛禽”战机至少实验了三种不同的迷彩涂装，这里看到的只是其中一种。

[任务报告]

先进的驾驶舱

上图："猛禽"战机先进的驾驶舱内安装四台尺寸各异的液晶显示器，给飞行员提供了舒适和简单程度远超其他战机的操纵感。

F-22战斗机的先进的座舱也是飞行员能够获得大量传感器信息的关键因素，同时也有助于最大发掘飞机的潜能。沙沃上校曾驾驶过F-15战斗机、F-16战斗机和F-18战斗机，如此说道："就战斗机的驾驶舱而言，它相当的宽敞，同时良好的设计融入许多人体工程学因素，最重要的是飞行员也参与了它的设计和发展的过程。它兼容夜视模式，本质上是一个玻璃化驾驶舱。所以，飞行员在启动飞机并录入人物数据后，基本不用再做什么。总之，我觉得比'鹰式'战斗机的驾驶舱和座位舒服，这是由于其更好的座位设计能够缓解身体的压力。

"猛禽战斗机的启动程序很简单。它有一个电源。你启动辅助动力装置——一个小的涡轮发动机（APU），然后打开油门。之后启动程序自动运行，录入所需的任务数据后，'猛禽'就'苏醒'了。关闭好武器舱门并完成一个飞行控制系统检查后，一切已经准备就绪。这里你通常要对任务作下规划，花费一到两分钟时间，然后你就可以出发了。"他补充道。

电子清单

猛禽战斗机也自夸有一个独特的飞行员助手：不同时间为飞行员在屏幕上显示的一系列电子清单。"电子清单是一个很好的辅助工具，对飞行员帮助很大，不单单是在紧急情况下。它也包括一些最普通的内容，如启动、加油情况等。"沙沃解释道。如果飞机出现问题，"它就会给飞行员发出提醒，飞行员打开清单查知飞机哪里出了问题，以及需要采取什么行动来解决这个问题或者如何让飞机安全着陆。'猛禽'战机几乎所有设备都配备有备用系统，因此从这方面来看，它是很强大的。同时，飞机不断地检测成千的输入系统，因此它能很清楚里面的情况怎么样。顺便说一句，这很有助于快速地'大事化小，小事化了'。显示器上有大量的信息，但是它能过滤并给飞行员呈现最需要的信息，因此，只飞过几次的飞行员都能理解飞机此时给你提供的信息——而且飞机信息量还真的不小！"

上图：“猛禽”战机的异色嵌装式面板上显示了空调、排气、加油和航电设备等系统的工作情况。

有效，沙沃证实道，“我们时常面临的一个挑战是说服其他的单位与我们一起进行飞行训练。和你看不见的东西一起训练并与它作战是一件很不爽件事情。”

像隐形性能一样，“猛禽”战斗

机在设计时也要求能够进行高空作战以及超音速巡航。1999年3月的科索沃战争期间，沙沃曾击落了一架南斯拉夫空军米格-29支点战斗机，他解释了为什么速度和高度是战斗的关键：

“就重要性而言，速度很可能不逊于隐形性。你可以想象一下，我们飞的越快，给对手带来的问题就越复杂。继续想象一下那场令人头疼的拳击比赛吧，现在这个隐身的家伙能够以它对手两倍速度进入战斗范围，这又是一个很大的优势。高度也是很重要的。我们飞得越高，速度越快，我们就越容易通过逃离对手的武器覆盖区域来化解他们的杀招。尤其是面对敌军的高射炮和绝大多数的地对空导弹系统时，更为有效。

“另一个优势在于作战半径。通常在某一给定的速度下，你飞得越高，消耗的燃料就越少。因此我们的超音速巡航能力在高海拔区域发挥得更好。坦白地讲，喷气飞机的设计更倾向于更高、更快。”

下图：兰利空军基地第1战斗机联队的两架F-22A战机将沿着一条风景秀丽的线路飞回基地。尽管“猛禽”战机上金属质感涂装的成分保密，但从实际应用的角度来看，其中应当含有能够吸收雷达波的成分。

FF
AF
05 050

左图：在很短一段时间内，“猛禽”战机曾被改名为F/A-22以示其作为空对空战斗机和精确的攻击机的双重作战能力。随后F/A-22这一名称被更为简单的F-22A替代。

传感器的融合

“传感器的融合使飞行员不再是一名传感器操作员，他不再花费宝贵的时间来学习这个系统。以F-15战斗机为例，它的飞行员必须自己操作雷达，查看数据链显示器、雷达告警接收机，收听无线通信，查看他的僚机情况等等，在驾驶飞机并攻击目标的同时，还需要在脑海里描绘出一份三维图片，同时在飞机被击中时还要进行自我保护。”沙沃阐述到。

现在，沙沃驾驶“猛禽”战斗机已大约有500小时的飞行时长并积累了四年的工作经验，他解释说融合的数据既包括所有本机机载系统数据也包括一些来自其他飞机的数据，使得“飞行员大部分时间都在综观全局，盘算需要锁定哪些目标，以及自己要去哪里，等等。你想不被攻击也是相当容易的，因

先进技术抗过载飞行服（ATAGS）

除了穿戴美国空军的喷气机飞行员常用的抗荷背心、抗荷头盔和氧气面罩之外，F-22A飞行员还专门配备了一套CBU-23/P先进技术抗过载飞行服（ATAGS）。这套飞行服完全包裹了飞行员的腿和臀部，固定在躯体的下部，相比于其他抗荷服位置较低，因此在膨胀时不会挤压胸部。因为这两个设计特点，它为高过载环境中的飞行员提更强的保护。就其自身而言，先进技术抗过载飞行服（ATAGS）使得飞行员的忍耐力提升了60%，结合常规抗荷服，能使飞行员的抗过载力超出F-15和F-16的飞行员350个百分点。

沙沃说到，“新的抗重力飞行服结合更好的座位设计，相比于此前的战斗机，看起来我们允许拉动的过载更大。9G的过载仍会对飞行员造成损伤，但是不会像在‘鹰式’战机上那么糟糕，我也没有那么疲惫。”提到以前空军飞行员的在高海拔稀薄的空气中飞行需要穿戴压力服的规则，他补充道：“我们可以不穿戴部分抗荷服在5万英尺（1.5万米）以上的高空飞行，因此，我们要去某处时在操作上不会受到任何人为的限制。”

下图：弗吉尼亚州兰利空军基地的一名第27战斗机中队的F-22“猛禽”战机飞行员。正如一名F-22战机的飞行员所说，“阿塔格斯”先进技术抗荷服使得飞行员“抗过载能力提高，所受的痛苦减轻”。

为敌人根本看不到你。对战斗机飞行员而言，传感器的融合大大简化了问题，并使我们在战斗中更为致命和高效。”

上图：F-22A战机标志性的位于机身上方的受油口，使之能够接受美国空军KC-10和KC-135加油机的空中加油。受油口处的保形门在不进行空中加油时会闭合以保证飞机的隐身性能。

这种新层次的能力意味着猛禽战斗机团队已经重新考虑了传统的战斗机战术。最终，他们“开发一种完全不同此前战机的新的战斗策略，充分利用该机的信息共享能力和它能用于战斗的其他独特性能——F-22战斗机编队的工作模式会让旁观者感到非常惊奇，这是千真万确的。”沙沃得出这样的结论。据不完全统计和“猛禽”战斗机在最近的航展上的表现，人们毫无疑问它的飞行性能完全不逊色于世界上其他任何一种喷气式飞机。沙沃对其自然深表同意：“它是战斗机飞行员一直追求的梦想。它在飞机的性能上做到了面面俱到，事实上，它几乎擅长所有作战领域。‘猛禽’战斗机的所有武器都能舱内挂载，因此不会像其他战斗机一样满挂载出行时飞机的表现就会打些折扣。它的动力和速度绝对一流，转弯性能不逊色其他任何一种飞机，并且具有超机动能力。”

惊人的加速度

当战机缠斗一段时间后，每人都在这爬高上梯的追逐与反追逐运动中耗尽力量，此时战斗机的低速飞行性能便凸现出来。沙沃用“非凡”一词来形容“猛禽”战斗机这方面的性能，还补充道：“和它从失速加速到最大速度的加速能力一样优秀。”他很快对以上说辞进行限定：“这些都是用来装饰门面。我们希望永远不要用到那些能力——我们的目标是综合利用该机的隐身和速度的优势视距外干掉对手。到目前为止，在训练和测试阶段我们都做得非常好。”

F-22A战斗机将取代坚实的F-15战斗机成为美国的王牌空中优势战斗机和拦截机，那么它比之“鹰式”战斗机如何呢？沙沃回答了这一问题，但在给出答案前他先做出了自己的评论：“我爱‘鹰式’战机，所以我从来不说它的坏话。在我看来，它可能是有史以来综合最优秀的一款战斗机。它也有战斗记录以来在空中战斗中唯一没被击落的飞机。但是它不能与F-22战斗机相比，也没有‘猛禽’那么重要。超级战斗机的设计理念就是让它能够完全掌控一切，我相信F-22战斗机已经实现了这一目标。F-22战斗机向前跨越了很多，是一场革命，而不是进化。”

下图：“猛禽”战机线条简洁的外观不仅尽可能地保证了它的隐身性，同时也印证了一名年长的飞行员所说的，“如果一架飞机看起来不错，它飞起来也会很棒！”

F-35“闪电2”战斗机

联合攻击战斗机（JSF），也即众所周知的F-35“闪电2”战斗机，是英、美国家政府和国防承包商之间通力协作长达十年的产物。F-35战斗机优秀的隐形性能结合一整套最先进的传感器，赋予其无与伦比的攻击能力，保证其在未来的很多年内所向无敌。

从这张F-35战机的正面特写中可以清晰地看到它发动机舱粗大的轮廓。“闪电2”的发动机在开加力燃烧的状态下能产生大约178千牛（4万磅）的推力，使得战机具有非凡的性能。

飞行员的评价

“F-35战机隐形性的好处在于你能在敌人看到你之前发现并消灭它；你无法发现JSF（联合攻击战斗机）时，何谈将其击落？”

格雷厄姆·汤姆林森

英国BAE系统公司首席短距起飞和垂直降落试飞员

美国的主要军工承包商洛克希德·马丁公司为这种隐身多功能战斗机的研发提供了大量关键技术，而同时，英国BAE系统公司和美国的诺斯罗普·格鲁曼公司也是该项目的主要合作伙伴。事实上，F-35战斗机计划是一个跨国合作项目，接受了澳大利亚、加拿大、丹麦、意大利、荷兰、挪威和土耳其等国的财政援助。

设计规格

为了取代美英空军现役的数目众多的老旧飞机，20年代90年代中期展开了美国主导联合攻击战斗机（JSF）的研发项目。起初设计了三种F-35战斗机的变型，每种变型都具备独特的功能以满足客户的具体需求，同时也保留了至少80%的共性。F-35A战斗机具备常规起落（CTOL）能力，旨在满足美国空军和意大利、荷兰、土耳其及其他国家空军陆基站机的需求。相比之下，F-35B战斗机进行了大量改进能够短距起飞和垂直降落（STOVL），这一特性使它成为美国海军陆战队和英国皇家海军的理想选择。F-35C战斗机则是美国海军的航母舰载机。

联合攻击战斗机（JSF）的基本设计规格是，它的空对空作战能力要达到那些诸如F-15和F-16等“遗留”战斗机的四倍；而空对地的作战能力达到其八倍之多；在执行侦察和压制敌人防空系统时，效率均高达其三倍；作战半径要大于其他任何“遗留”战机，同时需要的保养维护也较少。

驾驶舱的兼容性

洛克希德·马丁公司的X-35验证机于2000年首次试飞，与波音公司的X-52验证机竞争联合攻击战斗机（JSF）合同。洛克希德·马丁公司于2001年10月赢得该订单，2006年2月19日F-35A战斗机首次试飞成功。更加复杂的F-35B短距起飞和垂直降落（STOVL）变型自然需要花费更长的时间才能实现首飞，最终于2008年6月11日首飞成功。试飞员是英国BAE系统公司的格雷厄姆·汤姆林森。

汤姆林森是一名资深的短距起飞和垂直降落“鹞”式战机的飞行员，

有超过5000个小时的飞行经验，其中大部分时间是驾驶皇家空军的“鹞”式战机。他在解释F-35战斗机的三种变型共通的设计理念时说道：“它们的设计使这三种变型之间的转换驾驶变得很容易，有点像空客系列飞机，飞行员轻松就能从驾驶A320转换为驾驶A330。这三种变型的驾驶舱几乎完全相同。一名飞行员只需稍作培训可以从一种类型转换为驾驶另一种。

上图：格雷厄姆·汤姆林森在一架F-35验证机中做飞行前的准备工作，正要接入头盔显示器的飞行员端口。值得注意的是，前铰式座舱盖是一个多少有些不同寻常的配置。

“我不得不说F-35B短距起飞和垂直降落（STOVL）变型的驾驶舱仍能保持如此高的相似度简直就是一个奇迹。如果你见过‘鹞’式战斗机的驾驶舱你就发现，它有三个主要的控制器——操作杆、节流阀和喷嘴控制杆，因此（‘鹞’式战斗机的驾驶舱）与其他战斗机的有很大不同。当然，‘鹞’式战机在20世纪60年代那个只有黑白电视没有电脑的时代也是很伟大的!”

F-35战斗机的驾驶舱非常与众不同，“我们有一块20英尺×8英尺的触敏式显示屏，它可以根据飞行员的需要将数据分成许多‘页面’。驾驶舱其余地方看起来有些空旷，我们没有成排的开关，我们只有一个电源、发动机启动器、集成动力组（IPP）启动开关和其他一些小的按键。我们把显示器叫做‘挺胸抬头’显示器，它结合了双杆侧杆操纵系统（手不离杆操作系统）以及语音直接输入系统。显示器的左右两侧各有一台独立的控制电脑，因此如果一台电脑出现故障，我们仍能控制另外一半屏幕。为了更安全起见，飞机上还有一块可在飞机出现严重故障时启用名为‘带你回家’的飞行显示器，它能显示飞行速度和高度等基本信息，使飞行员能够安全着陆。”

显示器如此高的配置以及可以对其进行全面直观的编程，使其远非

上图：F-35有角度的冲面（机翼和水平尾翼），对它的外观并没带来多少加分，但它的显著优势在于其较小飞机的雷达散射面积，保证其隐身性能。

一个“噱头”。汤姆林森解释说，“‘鹞’式战机只有百分之十的余力用于执行任务，其余的百分之九十都是用来保证飞机飞行不会坠落。‘好好驾驶飞机，别坠毁了，飞行员必须谨记的黄金规则就是——别让飞机坠毁了（留得青山在不愁没柴烧）。’这就是别人告诉我们这些‘鹞’式飞行员的。‘顺便说一下，你就用剩余的那点余力去完成那些困难苛刻的任务吧。’他们还补充道。现在，F-35的出现使得这种情况大为改观。事实上，我想说的是驾驶F-35非常轻松，就像是开一辆租来的车：你转动钥匙，不假思索就能把它开走。因此，F-35的飞行员大有余力去关注我们的任务，关注目标在哪里、威胁在哪里等等。”

左图：类似于同门的F-22A“猛禽”战机，F-35战机的机头和前端机身上都有一条从机头延伸至进气道的很明显的分割线。这条脊线是保证其隐身性的一项设计特征。

先进的驾驶舱系统

如此多的信息会不会导致飞行员

认知过饱和?

“这很有可能。仅仅把信息显示出来是远远不够的，”汤姆林森说道。“我们还必须确保信息的智能化显示。保持其间的平衡并非易事：测试飞行员往往指导软件工程师屏蔽一些信息的显示，他们认为这些信息会混淆飞行员的操作。当我们这样做以后，操作飞行员在操作后会回来要求我们给他们提供更多的信息，事实上，那些家伙似乎要更多的信息。好在我们已经开发了F-35的模拟器。我们现在拥有很出色的桌面模拟器，这样一名F-35战机的飞行员就能在此模拟飞行以提高他的训练质量以及对飞机的理解。”

汤姆林森说，F-35战机的一个独特之处在于使用完全整合的头盔显示器代替了普遍存在的抬头显示器。

“我们没有抬头显示器，这是长久以来第一架没有配置抬头显示器的飞机。我们的第一代只装备头盔显示器的战机已经飞行一年了，第二代战机也将于2008年末面世。头盔显示器在使用时会显示‘飞行路径’。”

尽管头盔显示器并非F-35战机的独创，但集成的头盔显示器将进一步简化了飞行员的工作。“你输入想去的地方，显示器就会显示目的地的情况。例如，这对返回到船上是很有用的。面具上会显示飞机上所有传感器信息，飞行员藉此可以了解飞机整体情况。”汤姆林森补充道。“这就有点像玩视频游戏或者带着夜视镜飞行。眼前是一个绿色的世界，综合使用光电红外和无线雷达电频传感器将会给你呈现一个很高分辨率的图像并能用来瞄准目标。”

F-35的头盔瞄准具的技术仍在不断升级，汤姆林森透露，正在研发的核心内容就是“延迟”系统——即显示器的信息实时更新能力：“最重要的是显示器上信息的更新速率足够快以便飞行员及时查知并计算，即使飞机和飞行员都处于不稳状态。最大的技术挑战就是如何做到没有任何延迟地实现这种效果。我们现有的显示器中间有分界线，而我们将要采用的显示器则是完全平滑的。”

完整的F-35战机驾驶舱人机界面将会引入直接语音输入（DVI）系统。“我们将利用语音输入系统进行无线电

[任务报告]

F-35变型的详细介绍

F-35A战机是一架常规起落的战斗机，飞机起飞和降落的时候使用标准的跑道。其内部可携带8382千克（18480磅）的燃料，不携带副油箱不进行空中加油的情况下航程可达2200千米（1200海里）。F-35A战机内置一门25毫米口径4管GAU-22/A加特林机炮，其标配的内置武器包括两枚AIM-120C中程空对空导弹和两枚907千克（2000磅）GBU-31联合直接攻击制导炸弹。当不再需要考虑隐形性时，F-35A能够进行外部挂载，飞机的有效武器载荷超过8000千克（1.8万磅）。

洛克希德·马丁公司宣称F-35B战机是历史上第一架兼具短距起飞和垂直降落能力和超音速能力的飞机。F-35B战机部署在作战区附近，极大缩小了基地到目标的距离，提高了出勤率并降低了对后勤支持的依赖度。F-35B的内部燃料容量为6352千克（14003磅），不携带副油箱不进行空中加油的情况下航程可达1600千米（900海里）。F-35B战机的标配内部武器挂载是两枚AIM-120C中程空对空导弹和两枚453千克（1000磅）的GBU-32联合直接攻击制导炸弹。F-35B战机的外部挂架可承载6800千克（1.5万磅）的荷载。

F-35C战机配置了面积更大的机翼和控制面并新增了翼梢副翼以增强其在航母上着舰的可控性和精确度。该机采用了更大的起落架并对内部结构进行增强以承受在航母上起降时的压力。“经加固的外部材料意味着需要少量的维护费用就能保证飞机极低的雷达可见信号，即使是在严酷的舰载条件下。”洛克希德·马丁公司这样说道。F-35C战机的内部燃料容量达9110千克（20085磅），不携带副油箱不进行空中加油的情况下航程可达2500千米（1400海里）以上。F-35C与F-35A战机相当，外部挂件可挂载超过8000千克（1.8万磅）的武器。

下图：一旦开启短距起飞和垂直降落飞行模式，F-35机身简洁的线条将会被进气门、转动轴和其他的突起部分所破坏。

调频，输入航途基准点信息等等。这是一个工具，我们将倾向于用它来处理一些所谓的‘内部问题’。你可能说‘调频A一二三点五，开始！’，调频A就会调到123.5的新频道。虽然目前F-35上并未正式引入语音输入系统，但正在计划引入使用。”

短距起飞和垂直降落（STOVL）飞行

作为王牌短距起飞和垂直起降战斗机飞行员，汤姆林森有幸成为F-35B的首位试飞员。他也广泛参与控制该机短距起飞和垂直降落性能的飞行员操作界面和控制规律的设计与制定工作。“F-35战机的魅力在于当你进入垂直/短距起降模式时，油门会完美地转变为‘加速度控制器’。我们的系统意味着初次驾驶这种垂直/短距起降飞机的飞行员要接受一些基本的训练，但训练强度要远小于复杂的‘鹞’式战机。在F-35战机上，你左手操纵油门来控制飞机飞快或飞慢，在中间位置时飞机保持当前空速飞行，往回拉时飞机会减速，反之往前推时则会加速。我们以大约为50节（90千米/小时）的速度进入这种模式，在这个速度下机翼仍能产生升力，飞行员仍能通过操纵杆

下图：飞行员按动一个按钮就能启动从常规起降到短距起飞和垂直降落的转换，整个过程自动进行，无需飞行员操心。

[任务报告]

F-35战机的武器和航空电子设备

F-35战机进攻能力的核心在于它的APG-81有源相控阵雷达。它结合光电瞄准系统（EOTS）以及AAS-37导弹预警系统的大量光电传感器一起工作，侦察、识别和瞄准敌人。

一旦被敌机发现，F-35拥有一些武器供其与敌作战，包括一门配备180发炮弹的25毫米4管GAU-22/A加特林机炮。

F-35A战机是三款机型中唯一内置此航炮的机型，同时B型和C型战机按需要挂载含220发炮弹的外挂机炮吊舱。

两个武器舱分别位于机身两侧，能够装载两枚空对空导弹和两枚空对地武器：

在A型和C型战机中可装载两枚907千克（2000磅）的炸弹；在B型战机中装载两枚425千克（1000磅）的炸弹。F-35战机可使用的武器包括：AIM-120先进中程空对空导弹、AIM-132先进短程空对空的导弹、联合直接攻击弹药（JDAM）、联合防区外武器（JSOM）、小直径炸弹（SDB）、“硫磺石”反坦克导弹集束炸弹、风修正子母炸弹（WCMD）和高速反雷达导弹（HARM）。欧洲导弹集团的“流星”空对空导弹的使用正在评估当中。

当隐形性不是首先考虑的问题时，四个机翼挂架和两个翼尖挂架将会增加战机的有效载荷。这两个翼尖挂架只能挂载AIM-9X响尾蛇导弹，而其余四个挂架可以挂载AIM-120先进中程空对空导弹、“风暴阴影”巡航导弹、联合空对地防区外导弹（JASSM）等武器，还能挂载一个1800升（480加仑）的副油箱来增加飞机航程。

向前和向后控制飞行路径。”

当然，计算机控制从开始到结束的整个过程。汤姆林森说道，“飞机下方的气流会产生4万磅（178千牛）的推力，因此我们周围会产生很多的感应流。飞机悬停时会校正姿态控制其停在一个理想的高度。F-35有许多非常精密复杂的控制程序来调控整个过程。”

F-35战机的普拉特·惠特尼F-135涡轮扇发动机（或通用电气/罗尔斯罗伊斯的F-136涡轮扇发动机）采用洛克希德·马丁公司的升力系统，综合使用了升力风扇、传动轴、离合器、两个“滚动轴”和三维旋转推力矢量喷管。

“想进入短距起飞和垂直降落（STOVL）飞行模式时，飞行员只需按动一个按钮就会实现这种转化。这要经历一个复杂的过程，首先要为升力风扇打开一扇门，并开启主发动机的辅助进气口。然后打开机翼下面的卷门以控制转动，整个过程大约需要6秒钟。”汤姆林森解释道。

他补充道，“同时发动机重新定位用于驱动位于驾驶舱后的升力风扇的涡轮轴承的位置，这需要花费7秒时间。接下来，轴承与升力风扇连接，驱动升力风扇旋转，产生最大1.8万磅（80千牛）的升力。同时，主发动机产生1.7万磅（75.5千牛）的推力，翼尖喷口产生4000磅（17.7千牛）的推

下图：F-35A AA-1战机是由联合攻击战斗机的主要承包商洛克希德·马丁公司推出的第一架“闪电2”战机。这架F-35A型战机没有复杂的短距起飞和垂直降落系统，因此它多少有点弱于F-35B战机。

力。总的来说，大约需要15秒来完成所有这些改变。”

上图：F-35A AA-1战机机头下方的凸起暴露了其光学和红外线传感器装置（电光瞄准系统）的可能位置，“闪电2”战机最终都会配备这些装置。飞机上加装的这些光电传感器会成为战机导弹预警系统、定位和导航系统的工作部件。

结束语

汤姆林森对F-35的印象非常深刻，并对F-35与洛克希德·马丁公司另外一种唯一的第五代战机F-22A猛禽战机之间的比较表示不屑一顾。他说：“在许多任务系统中，它至少同F-22战机一样优秀。当然它的设计宗旨就是成为一个多面手，因此缠斗能力可能不及F-22战机或英国皇家空军的台风战机，但这只是相比于F-22而言的，F-35本身仍是一架能实现9G过载、失速机动能力优秀的战斗机，同时我们的最大迎角可达50°。”

“就目前而言，在未来战争中当我们需要在最初几天内悄悄地摧毁敌人的空中防御力量时，F-35战机无疑将是最佳选择。从第五天或第六天起，我们还能为F-35添加翼下挂件，使之摇身一变成为一个投弹机器，因为到那时我们已经无需考虑飞机的隐形性了。F-35战机隐形性的好处在于你能在敌人看到你之前发现并消灭它；你无法发现JSF（联合攻击战斗机）时，何谈将其击落？”

下图：洛克希德·马丁公司需要将F-35B战机的机壳变薄，武器舱改小，垂直尾翼的尺寸缩小以满足客户们所要求的重量限制。F-35B的机翼啮合连接、航电系统元件和驾驶舱后面的机身也需要重新设计或修改以避免出现超重。